ESG 경영과 재생에너지, 기업의 새로운 책임

기후변화시대 에너지 전환

기후변화시대 에너지전환

ESG 경영과 재생에너지, 기업의 새로운 책임

발행일	2025년 12월 1쇄 발행
지은이	이완근·이준희
펴낸이	이상진
펴낸곳	메타엑스퍼트
주소	경기도 남양주시 다산순환로 20 현대프리미어캠퍼스 D동 609호
대표전화	031-927-9963
등록	2022년 7월 8일(제2022-000096호)
디자인	서예린
인쇄	프린팅라운지

ESG 경영과 재생에너지, 기업의 새로운 책임

기후변화시대 에너지 전환

이완근·이준희 편저

추천사

　1992년 브라질 리우에서 개최된 UN 지구정상회의 이후 기후변화는 전 세계적인 핵심 이슈로 부상했습니다. 1997년 교토의정서는 선진 38개국에 온실가스 감축의무를 부여했으며, 195개국이 참여한 2015년 파리협정은 지구 온도를 산업화 이전 대비 1.5℃ 이하로 유지하자는 목표에 합의했습니다.

　북반구 빙하는 1950년 대비 15% 가까이 감소했고, 지난 100년간 해수면은 10~15cm 상승했습니다. 지구촌 곳곳에서 기상이변이 빈발하고 있습니다. 다보스포럼은 2007년부터 매년 기후변화를 핵심 의제로 다루며, 각국 정책결정자와 기업인들이 온실가스 감축, 에너지 전환, 에너지 안보 등 다양한 해법을 제시하고 있습니다.

　유럽연합은 2050년 온실가스 배출량 제로(net-zero)를 목표로 수많은 정책을 내놓고 있으며, 중국도 2060년까지 탄소중립을 목표로 대규모 태양광 투자와 산업 육성 전략을 추진하고 있습니다. 기후변화에 대응하지 못하는 기업은 수출은 물론 국제투자 유치도 어려운 시대가 되었습니다. 미국 트럼프 행정부가 파리협정에서 탈퇴했으나, 기후변화 대응은 더 이상 기업의 선택이 아닌 생존전략이 되고 있습니다.

　우리는 지금 기후위기와 디지털 대전환이라는 거대한 변화의 물결 앞에 서 있습니다. 특히 인공지능과 빅데이터의 확산은 과거와 전혀 다른 기업 패러다임의 전환을 요구하며, 우리 사회에 새로운 도전과 기회를 제공하고 있습니다.

이완근 신성이엔지 회장은 이러한 시대적 요구에 부응하여 『기후변화시대 에너지 전환: ESG 경영과 재생에너지, 기업의 새로운 책임』이라는 저서를 출간했습니다. 태양광을 중심으로 한 재생에너지의 비전은 물론, 소형 모듈원자로(SMR)와 신재생에너지의 융합을 통해 안정성과 청정성을 모두 확보할 수 있는 길을 제시하고 있습니다.

이완근 회장은 냉동공조 사업에서 출발하여 반도체 클린룸과 드라이룸, 태양광 발전 솔루션에 이르기까지 50여 년간 강소기업으로서 우리나라 산업 발전의 견인차 역할을 해오셨습니다. 저는 산업자원부 장관으로 재직할 때 그분의 산업보국 정신을 기려 금탑산업훈장을 수여한 바 있습니다. 산수(傘壽)를 넘긴 지금도 변힘없이 '기업이 살아야 일자리가 생기고 나라가 산다'는 정신을 실천하고 계십니다.

저자는 공부하는 학구파 경영인입니다. 반도체 공정의 핵심인 클린룸을 설계할 때나 이차전지의 드라이룸을 설계할 때는 수많은 책을 읽고 전문가와 밤낮없는 토론을 거쳐 1991년 국내 최초로 클린룸의 핵심 장비인 산업용 공기청정기 팬 필터 유닛을 국산화했습니다. 그의 학구열은 코로나19 팬데믹 기간에 음압용 병동 클린룸 개발로도 이어졌습니다.

그는 항상 새로운 일에 도전하며 아무도 걷지 않은 새로운 사업 영역에 과감히 뛰어들었습니다. 외로운 개척의 길은 늘 꽃길만은 아니었습니다.

실패를 경험해 보지 않은 사람은 성공의 진정한 가치를 모릅니다. 저자는 본인이 경험한 성공과 실패의 소중한 교훈을 이 책에 담았습니다. 이 책은 2016년에 펴낸 『태양광 선언』에 비해 더욱 완성도 높은 철학을 담고 있습니다.

기업가이자 학자인 이완근 회장의 철학과 경험으로 AI 시대의 미래를 조망하는 『기후변화시대 에너지 전환: ESG 경영과 재생에너지, 기업의 새로운 책임』이라는 역작의 발간을 축하드리며, 이 책이 현재 기업을 운영하시는 분들은 물론 앞으로 창업을 준비하는 분들, 그리고 대한민국의 미래를 책임질 모든 분들에게 훌륭한 길잡이가 되기를 바랍니다.

2025.

이희범 전 산업자원부 장관

추천사

지금 우리는 기후위기와 디지털 대전환이라는 두 가지 거대한 흐름 속에 서 있습니다. 특히 인공지능과 데이터센터 확산으로 인한 전력 수요 증가는 기존의 에너지 시스템을 압박하며, 사회 전반에 새로운 도전과 과제를 안기고 있습니다. 이러한 변화 속에서 '에너지는 곧 우리의 미래 자산'이라는 사실을 다시금 절실히 깨닫게 됩니다.

이완근 신성이엔지 회장의 저서 『기후변화시대 에너지 전환: ESG 경영과 재생에너지, 기업의 새로운 책임』은 이러한 시대적 문제의식에 응답하는 책입니다. 저자는 태양광을 비롯한 재생에너지의 가치와 가능성을 통해 우리가 나아가야 할 방향을 설득력 있게 제시합니다. 나아가 ESG 경영을 통한 기업의 사회적 책임과 지속 가능한 성장의 길을 함께 모색하고 있습니다.

저는 이 책이 많은 독자들에게 에너지 전환의 필요성을 일깨우고, 탄소중립 사회로 향한 실천적 용기를 불어넣을 것이라 믿습니다. 무엇보다 『기후변화시대 에너지 전환』은 우리 모두가 내일을 위해 오늘 어떤 선택을 해야 하는지에 대한 분명한 답을 담고 있습니다. 이 책이 널리 읽혀 지속 가능한 미래를 밝히는 등불이 되기를 기대합니다.

2025.

최열 환경재단 이사장

서문
기후위기와 에너지 전환, 그리고 무탄소 미래를 여는 길

지금 인류는 기후변화라는 거대한 파도 앞에 서 있다. 산업화가 가져온 물질적 번영과 풍요는 분명 우리 삶을 한층 편리하게 만들었다. 그러나 그 대가로 배출된 막대한 온실가스는 지구의 평균 기온을 빠르게 끌어올렸다. 이로 인한 지구온난화는 단순한 기후변화를 넘어, 인류 생존을 위협하는 새로운 시대를 열었다. 최근 몇 년 사이 전 세계 곳곳에서 나타나는 가뭄·폭염·홍수·한파·폭풍과 같은 극단적인 날씨는 더 이상 뉴스 속 한 장면이 아니라 우리의 일상 속 사건이 되었다. 기후변화는 국경을 넘어, 식탁 위의 식재료 가격에서부터 산업 생산, 나아가 국가 경제 전반에까지 직접적인 영향을 미치고 있다.

2016년, 필자는 졸저 『태양광 선언: 전기 자급자족 시대의 에너지 경제』를 통해 태양광·풍력의 재생에너지가 지구를 되살리는 유일한 대안이며 인간이 전력을 자급자족하는 새로운 시대가 열렸음을 선언했다. 그러나 지금 우리는 그때보다 훨씬 더 넓고 깊은 변화를 요구받고 있다.

이에 이번에 새롭게 발간한 『기후변화시대 에너지 전환: ESG 경영과 재생에너지, 기업의 새로운 책임』에서는 태양광을 넘어 재생에너지와 신에너지를 아우르는 무탄소 에너지로 세상을 밝히고, 인류가 '무탄소 시대'를 열어가야 한다는 비전을 밝혔다. 이는 단순히 한 가지 에너지 기술의 확대가 아니라, 모든 에너지원의 체계를 탄소에서 자유롭게 만드는 근본적 전환이다. 이를 위해 정책, 기술 혁신, 국제 협력, 그리고 무엇보다 사회 전체의 참여가 필요함을 강조하고자 한다.

이 책은 크게 '에너지 위기와 도전', '태양광 에너지의 부상', 'RE100과 CF100', '지속가능한 ESG 경영과 태양광'의 4개 장으로 구성됐다. 먼저 석탄·석유·천연가스와 같은 전통적인 화석연료부터 원자력·수소·소형모듈원자로(SMR)·태양광·풍력 등 차세대 에너지원에 이르기까지 각 에너지원의 특성과 장단점을 구체적으로 소개했다. 이를 통해 독자 여러분이 각 에너지원의 기술적·경제적 가능성을 이해하고, 서로 다른 에너지원이 어떻게 상호 보완하며 탄소중립을 향해 나아갈 수 있는지를 알게 되길 바란다.

또한 기후변화에 대응하는 국제사회의 노력을 소개하며, 기업이 RE100, CF100, ESG 경영을 통해 무탄소 에너지 확대에 이바지할 구체적인 전략을 제안한다. 에너지 전환은 환경운동가만의 구호가 아니라, 국가 경쟁력과 기업의 지속 가능한 경영을 위한 필수 조건임을 이 책 전반에서 전하고자 한다.

아울러 오늘날 기술·경제·정책이 복합적으로 맞물려 돌아가는 에너지 전환의 현실을 다양한 사례와 함께 제시했다. 기후변화로 인한 농산물 가격 폭등, AI와 데이터센터 확산으로 급증하는 전력 수요, 그리고 각국과 글로벌 기업들이 석탄·석유 의존도를 낮추고 탄소중립을 실현하기 위해 시도하는 노력을 담았다. 이를 통해 '에너지 문제'가 환경, 경제, 사회 구조 전반과 얼마나 긴밀히 연결되어 있는지에 관한 이해를 돕고자 했다.

  필자는 이 책이 단순한 정보 전달을 넘어 우리 모두에게 던지는 질문이길 바란다. 우리가 지금 쓰는 에너지는 미래 세대에 어떤 영향을 미칠까? 그리고 우리 사회와 기업, 개인은 어떤 선택과 행동을 해야 할까? 이 질문들이 독자 여러분의 마음속에서 변화의 씨앗이 되어 자라나길 바란다.

  오늘날 에너지 전환은 미래의 선택이 아니라 현재의 의무이며, 모두가 함께해야 할 공동의 과제다. 2016년의 태양광 선언이 시작점이었다면, 이제는 무탄소 시대를 향한 도약의 순간이다. 부디 이 책이 여러분이 지속 가능한 미래를 향한 여정에 나서는 출발점이 되길 바란다.

  마지막으로 이 책을 집필하는 데 함께해준 신성이엔지 기획의 김나연 과장, 나수완 대리에게 고마운 마음을 전한다.

서문

목차

추천사 004

서문 | 기후위기와 에너지 전환, 그리고 무탄소 미래를 여는 길 008

1장 에너지 위기와 도전

01 디지털 시대 도래와 늘어나는 에너지 수요
- 우리 생활을 위협하는 지구온난화와 기후변화 016
- 국제사회의 기후변화 대응과 기후테크 019
- 디지털·전기화 시대 전력 수요 증가의 원인 022

02 석탄 에너지의 현재와 미래
- 온실가스의 주요 배출원인 석탄 027
- 석탄 사용의 단계적 폐지를 위한 노력 029

03 원유의 불편한 진실
- 불안정한 유가에 세계 최대 산유국도 탈석유로 033
- 오일샌드, 온실가스의 주범 036
- 전기차의 성장과 배터리의 특징 038

04 보조적 에너지 솔루션 천연가스
- 청정에너지 천연가스의 허실 043
- 탈석탄과 탄소중립으로 가는 징검다리 046

05 분산형 에너지 활성화와 소형모듈원자로(SMR)
- 원자력발전의 장단점과 SMR 개발 049
- SMR이 보완할 에너지 분산의 미래 054

06 수소 에너지의 가능성
- 수소 생태계 활성화의 추세와 해결 과제 ······ 058
- 그린수소의 가능성 ······ 060
- 수소 무역 생태계의 미래 ······ 063

07 에너지원 비중의 변화와 태양광
- 각 에너지원의 역할과 비중의 변화 ······ 065
- 늘어나는 전력 수요, 태양광으로 채운다 ······ 069

2장 **태양광 에너지의 부상**

08 지구 운명의 해, 2050년
- 파리협정, 기후변화 대응에 전 세계가 나서다 ······ 072
- 2050년 탄소중립 달성을 향해 ······ 075
- 2050 서울시 기후행동계획 ······ 080

09 고효율 친환경 에너지, 태양광발전
- 점차 향상되는 태양광발전의 에너지 효율 ······ 084
- 태양광발전 효율 개선은 계속된다 ······ 085
- 차세대 태양광 패널 소재, 페로브스카이트 ······ 088

10 경제적인 이유만으로도 선택한다
- 화석연료보다 저렴해진 재생에너지 발전 비용 ······ 094
- 낮은 설비 가격이 재생에너지 경쟁력의 핵심 ······ 096

11 전 세계 에너지의 대세, 태양광발전

- 태양광으로 더 많은 전력을 더 많은 나라가 생산 · · · · · · 099
- 태양광발전, 글로벌 기업으로 스며들다 · · · · · · 101
- 태양광 전력 설비 투자 강화 · · · · · · 106

12 스마트그리드와 마이크로그리드

- 전력 수요와 공급의 양방향 관리, 스마트그리드 · · · · · · 108
- 분산에너지 시스템, 마이크로그리드 · · · · · · 110
- 탄소중립 사회의 핵심 인프라 · · · · · · 112

3장 RE100과 CF100

13 RE100이란 무엇인가

- 민간기업의 자발적 온실가스 감축 참여 · · · · · · 114
- RE100에 참여하는 이유 · · · · · · 120

14 RE100을 실현하는 방법

- RE100의 달성 조건과 정부의 지원 방안 · · · · · · 123
- 간접적인 실현 방법: 녹색요금제와 REC · · · · · · 124
- 직접적인 실현 방법: PPA와 자가발전 · · · · · · 128

15 RE100 실현의 과제와 우수사례

- RE100 달성의 촉진을 위한 해결 과제 · · · · · · 134
- RE100 실현을 위한 기업 간 협력 사례 · · · · · · 136

16 CF100이란 무엇인가
- 탄소배출 제로 100%, CF100 등장 — 139
- CF100과 RE100은 무엇이 다른가 — 140
- CF100, 탄소중립 달성의 현실적 대안 — 142

17 CF100을 실현하는 방법과 과제
- CF100의 달성 조건과 실현 방법 — 144
- 무탄소 에너지원의 핵심 원자력, 그리고 SMR — 146

4장 지속가능한 ESG 경영과 태양광

18 ESG란 무엇인가
- 기업의 사회적 책임에서 ESG 경영으로 — 150
- ESG 경영체계 구축 — 154
- 기업 생존에 직접 영향을 주는 ESG 경영 — 156

19 ESG 경영과 태양광
- ESG 경영을 촉진하는 태양광발전 — 158
- 태양광으로 실현하는 ESG 경영: PPA와 자가발전 — 159

에필로그 | 태양광 선언을 넘어 무탄소 선언으로 — 164
부록 | 주요 용어 소개 — 168

1장
에너지 위기와 도전

01 디지털 시대 도래와 늘어나는 에너지 수요

| 우리 생활을 위협하는 지구온난화와 기후변화

오늘날 지구온난화와 이로 인한 기후변화는 우리가 지금 바로 해결해야 할 문제다. 지구 반대편에서의 기후변화가 우리의 일상에도 곧바로 영향을 끼치고 있기 때문이다. 2021년 2월에는 미국 텍사스주를 덮친 기록적인 한파로 대규모 정전 사태가 일어나면서 미국 기업은 물론 이곳에 진출한 국내 반도체·자동차·가전제품 기업의 부품·제품 생산과 공급이 큰 차질을 빚었다. 그런가 하면 2022년부터 스페인에서 발생한 가뭄과 폭염으로 올리브 수확량이 반으로 줄자 올리브유 가격이 폭등해 우리나라 치킨 가격까지 오르고 있다. 2023년 초콜릿의 원재료 코코아의 주요 생산국이 모여있는 서아프리카에서는 잦은 이상기후로 카카오나무에 치명

- 2021년 텍사스 전력 위기 당시 오스틴 약국에 줄을 선 사람들

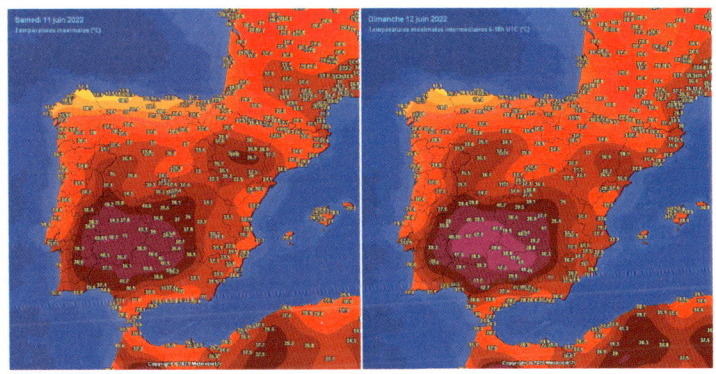
- 2022년 7월 NASA MODIS Terra 위성이 촬영한 고온 영상

적인 전염병이 돌아 수확량이 급감했다. 앞으로의 공급 전망도 불투명해지면서 지난 10년간 가장 비쌀 때도 톤당 3,000달러 수준에 머물던 코코아 가격은 2024년 4월과 6월 톤당 1만 달러를 넘겼다. 세계식량농업기구(FAO)에 따르면 엘니뇨의 영향으로 쌀 공급 부족 우려가 제기되면서 2023년 국제 쌀 가격지수는 전년보다 21% 증가한 132.0p를 기록했고, 2024년에도 5월까지 130~140p에 달했다.

기후변화로 발생한 피해를 보상하는 보험금 지급액도 계속 늘고 있다. 글로벌 재보험사 스위스 리(Swiss Re)에 따르면, 2023년 자연재해 피해보상을 위해 각국의 보험사가 지급한 보험금은 1,080억 달러(약 149조 원)로, 직전 10년(2013~2022년) 평균치인 890억 달러(약 123조 원)를 크게 웃돌았다. 모든 피해에 보험금이 지급되는 것은 아니므로, 실제 피해 규모는 지급된 보험금 액수보다 더 클 것이다.

학계에서도 기후변화에 따른 경제적 손실을 정확하게 파악하기 위해 노력하고 있으며, 최근 그 성과가 가시화되고 있다. 2024년 3월 과학 저널 「네이처(Nature)」는 평균기온 상승과 폭염이 전 세계에서 식품 가격 등을 중심으로 인플레이션을 높이고 있다고 분석한 연구 결과를 발표했다.

2024년 7월 한국은행도 국내 기온변화가 품목별 물가에 미치는 영향을 분석했다. 그 결과 2010년대 이후 평균기온 상승이 두드러지고 이상고온이나 폭염과 같은 현상이 빈번하게 관측되면서 농축수산물을 중심으로 물가를 의미 있게 상승시킨 것으로 분석되었다. 특히 과일·채소 등 농산물가격은 이상저온이나 한파에도 민감하게 반응했다. 중장기적으로 연평균기온이 1℃ 상승하면 1년 후 전체 소비자물가지수가 0.7% 높아지는 것으로 나타났다. 여기에 더해 글로벌 기후변화에 따른 국제 원자재 가격 상승으로 인한 간접효과까지 고려하면 기후변화로 인한 국내 인플레이션 압력은 더욱 커질 것으로 우려되었다.

국제사회의 기후변화 대응과 기후테크

사실 이러한 지구온난화와 기후변화에 세계 각국이 공동으로 대응한 것은 1997년 탄소 배출량을 규제하기로 합의한 국제 기후변화협약인 교토의정서에서 시작되었다. 이는 1995년 대비 2000년부터 탄소 배출량을 평균 5.2% 줄이자는 것이 골자였다. 그러나 2000년까지 뚜렷한 대책 없이 흘러갔고, 2001년 당시 세계 제1의 탄소 배출국인 미국이 불평등한 보호 무역 장벽이라 주장하며 자국 산업 보호를 이유로 교토의정서에서 탈퇴했다. 이어 제2의 탄소 배출국 일본도 탈퇴하며 교토의정서는 유명무실해졌다.

하지만 이후 지구온난화와 기후변화가 더 이상 미룰 수 없는 지구촌 전체의 문제로 대두되면서 세계의 공동 대응이 가시화되었다. 기후변화의 심각성에 대한 국제사회의 공감대가 형성되면서, 기후변화에 대응하는 국제 규범들이 꾸준히 마련되어 왔다.

UN은 2015년 파리협정을 통해 지구의 평균기온 상승을 산업화 이전 대비 1.5°C로 제한하기 위해 세계 각국이 5년 단위로 온실가스 배출량 감축 목표를 설정하고 점검하는 체제를 마련했다. 유럽연합(EU)은 2023년 발효된 CBAM(Carbon Border Adjustment Mechanism)에 따라 2026년부터 수입 제품(철강·시멘트 등)에 대해 탄소 비용을 본격 부과할 예정이며, 2025년부터 직원 수 등 일정 요건을 만족하는 EU 기업과 상장 비EU기업을 대상으로 단계적으로 기후공시를 의무화할 예정이다. 미국도 2026년부터 상장 대기업을 시작으로 기후공시 의무화 대상을 상장 소기업까지 확대 적용할 예정이다.

이렇게 마련된 국제 규범은 기업에 규제로 작용하지만 동시에 기후테크라는 새로운 분야의 성장을 불러왔다. 기후테크란 '온실가스를 감축하는 데 도움이 되거나, 기후변화로 인해 발생하는 부정적 영향에 적응하는 데 도움이 되는 기술'을 의미한다. 기후테크와 관련된 전 세계 기업의 가치는 2014년 716억 달러에서 2023년 2.5조 달러로 10년 새 35배 성장한 것으로 추정된다. 우리나라의 2050 탄소중립녹색성장위원회는 기후테크와 연관된 산업으로 클린테크 산업, 카본테크 산업, 에코테크 산업, 푸드테크 산업, 지오테크 산업을 제시했다.

기후테크 연관 산업의 개념

구분	개념
클린테크	재생·대체에너지 생산 및 분산화
카본테크	공기 중 탄소 포집·저장 및 탄소감축 기술 개발
에코테크	자원순환, 저탄소 원료 및 친환경 제품 개발
푸드테크	식품 생산·소비 및 작물 재배 과정에서의 탄소 감축
지오테크	탄소관측·모니터링 및 기상정보 활용 사업화

한편 세계의 에너지 정책을 조정하는 OECD 산하 기구인 국제에너지기구(IEA: International Energy Agency)는 2021년 5월 「Net Zero by 2050」 보고서를 발표하고 2050년까지 세계 경제의 탄소중립 로드맵을 달성하기 위해 향후 연도별로 실행해야 할 과제를 국제적으로 권고했다. 이 보고서로부터 넷제로(Net Zero)라는 표현이 유행하기 시작했다.

2021년 IEA가 권고한 2050년까지의 탄소중립 이정표

연도	이정표
2021년	화석연료 채굴 및 발전의 신설 중단
2025년	화석연료 보일러 판매 중단
2030년	모든 신축건물을 탄소제로로, 세계 자동차 60%를 전기로, 중공업 분야 환경기술 도입, 태양·풍력 1TW 달성, 석탄발전 전면퇴출
2035년	가전·보일러·모터 1등급만 허용, 화물차 50%를 전기로, 내연기관차 판매 중단, 탄소배출 제로 발전만 허용
2040년	발전 분야 탄소배출 제로, 모든 건물 50%를 탄소제로로, 항공 50%를 친환경으로, 중공업 90%를 친환경으로
2045년	보일러 50%를 히트펌프로
2050년	건물·교통·산업 분야 탄소배출 제로, 발전의 70%를 태양·풍력으로

디지털·전기화 시대 전력 수요 증가의 원인

이렇게 전 세계가 일명 넷제로(Net Zero)라고도 불리는 탄소중립의 비전과 탄소 배출을 줄이겠다는 목표를 발표했지만, 그 실천은 쉽지 않다. 그 이유는 오늘날 우리가 과거보다 더 많은 전기를 소비하고 있으며, 앞으로도 더 소비할 것이기 때문이다.

IEA는 2024년 7월 중기 업데이트 보고서에서 2024~2025년 세계 전력 수요가 계속 증가할 것으로 예상했다. 중국 경제의 둔화가 예상되고 중공업 의존도가 낮아지는 구조적 변화가 계속됨에도 태양광 모듈, 전기차, 배터리 및 관련 소재 생산이 늘어 전력 수요 증가로 이어지는 것이다. 인도에서도 경제활동 활성화와 새로운 가전제품·에어컨 구매로 전력 수요가 증가하고 있다.

또한 2024년 1월부터 5월까지 세계 표면기온은 1901~2000년 중 가장 따뜻했던 기온보다 1.32°C 높았고, 2024년 4월 최고 기록을 세웠다. 세계 곳곳이 일상을 방해하는 폭염으로 어려움을 겪었고, 에어컨 등 냉각을 위한 전력 수요가 급증해 정전도 빈발했다.

실제로 우리는 일상에서 거의 모든 에너지를 전기로 사용하는 전기화 시대를 살고 있다. 특히 뒤에서 자세히 소개할 전기차로의 전환은 전체 석유 수요의 50%를 전기로 전환하는 중요한 모멘텀이 되고 있다. 난방도 최근 히트펌프 기술의 발달로 가스에서 전기로 전환되고 있다.

이에 더해 인공지능(AI)도 새로운 전력 수요로 떠오르고 있다. 챗GPT로 대표되는 생성형 AI(Generative AI)는 기존 데이터의 분석을 넘어 새로운 콘텐츠를 만드는 데 초점을 둔 혁명적인 변화의 기폭제이다. 구글의 일반적인 키워드 검색이 약 0.3Wh의 전력을 소비하는데, 가장 효율적인 챗GPT의 LLM은 약 10배인 2.9Wh의 전력을 소비하는 것으로 추정된다. 따라서 AI 관련 데이터를 처리하는 AI 전용 서버에 주로 쓰이는 GPU는 기존 서버용 프로세서보다 훨씬 많은 전력을 소비할 것으로 전망된다.

데이터센터의 핵심인 AI 가속기는 다수의 GPU가 동시 연산을 통해 막대한 데이터를 처리한다. 따라서 평균 전력 사용량이 상당 시간 피크 전력 수요와 유사한 특성이 있다. AI 데이터센터 투자가 집중된 미국은 데이터센터의 전력 수요 비중이 현재 4% 수준에서 2030년까지 9.1%로 증가할 전망이다.

　이렇게 AI와 데이터센터 사업 확장은 전력 수요 증가를 촉진하는 중요한 난제가 되었다. 최근 IEA의 예측에 따르면 데이터센터(암호화폐 제외)의 전력 소비는 2022년 전 세계 전력수요의 약 1~1.3%를 차지할 것으로 추산되었으며, 이 비율은 2026년까지 1.5~3% 범위로 증가할 수 있다고 한다. 이미 전력 수요 중 데이터센터가 상당한 비중을 차지하는 나라도 있다. 2022년 아일랜드 전력 수요의 18%가 데이터센터에서 나왔으며, 2020년 싱가포르에서 데이터센터는 전력 사용량의 약 7%를 차지했다.

• 전력 수요 증가를 촉진하는 데이터센터

그런데 최근 보이는 마이크로소프트·아마존·메타 등 주요 빅테크 기업의 폭발적인 전력 수요 증가세는 AI 데이터센터에 적극 투자하기 이전의 수치이다. 따라서 AI 데이터센터 투자가 본격화되면 전력 수요 성장세는 더욱 가속화될 전망이다.

오늘날 전 세계 전력산업은 늘어나는 전력 수요를 감당하면서도 탄소중립을 달성해 기후변화와 지구온난화에 대처해야 하는 이중 삼중의 과제를 안고 있다. 실제로 미국 내 주요 빅테크 기업들은 탄소중립을 준수하면서 막대한 전력 수요를 감당하고 데이터센터 등 각종 디지털 인프라를 안정적으로 운영하기 위한 전력 확보에 전력을 다하고 있다.

이에 그동안 전력 생산의 주된 에너지원으로 역할을 다해온 석탄·석유·천연가스·원자력·수소의 특징을 짚어보고, 이들과 함께 탈화석연료를 이끌 태양광·풍력 등 재생에너지가 앞으로 인류의 생존을 위해 주어진 탄소중립 실현의 과제를 어떻게 해결할 수 있을지 전망해 본다.

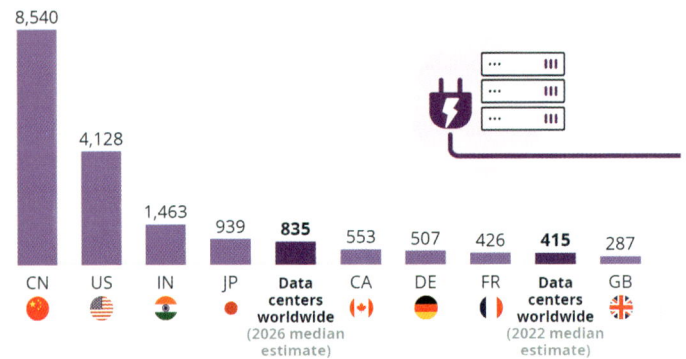

- 2022년 기준 특정 국가와 비교한 데이터센터의 예상 전력 소비량(단위: TWh)

02 석탄 에너지의 현재와 미래

| 온실가스의 주요 배출원인 석탄

지구온도 상승의 영향으로 가뭄·홍수·폭염·폭풍 등 이상기후가 더 빈번히 발생하고, 그 피해 규모도 점점 커지고 있다. 이에 세계 각국은 지구온도의 상승 폭을 산업화 이전보다 1.5℃ 이하로 억제하기로 합의하고, 온실가스 배출량을 줄이고자 노력하고 있다. 그런데도 지구는 왜 계속 뜨거워지는 것일까? 가장 대표적인 원인은 석탄이다.

석탄화력발전은 발전 과정에서 기후변화의 주된 원인물질인 이산화탄소뿐만 아니라 (초)미세먼지와 이를 생성하는 질소산화물·황산화물 등 다양한 오염물질을 배출한다. 이러한 오염물질은 심혈관·호흡기·신경계 질환의 원인이며 영유아와 노인·임산부에게 더욱 위험하다. 가장 효율적으로 설계됐다는 석탄발전소도 천연가스발전소보다 2배, 태양광·풍력의 재생에너지보다 15배에 달하는 이산화탄소를 배출한다. 따라서 석탄화력발전 사용의 증가는 기후변화를 심화하고 국민 건강을 위협하는 요인이 된다. 기후변화 완화가 무엇보다 중요하고 미세먼지로 인한 조기 사망자가 발생하는 오늘의 현실에서 이산화탄소 등 온실가스의 주요 배출원이자 전력 생산에서 높은 비중을 차지하는 석탄화력발전은 되도록 줄여야 하므로 지속해서 관리할 필요가 있다.

• 석탄화력발전소의 냉각탑 배출 모습

그러나 에너지 전환만큼 안정적인 에너지 공급도 중요한 각국 정부에서는 석탄 사용량을 무작정 줄이기도 어렵다. 우리나라도 현재 14개 부지에서 58기의 석탄화력발전기를 운전하고 있으며, 전체 발전량에서 석탄화력발전이 차지하는 비율은 2022년 39.7%로 발전 에너지원 중 가장 비중이 높다.

해외에서도 줄어야 할 석탄 사용량은 우크라이나·러시아 전쟁 발발 후 유럽이 에너지 위기에 놓이면서 오히려 늘고 있다. 2023년 전 세계 석탄 수요는 사상 처음으로 85억 톤을 넘어섰고(IEA,

2023), 석탄화력발전량은 10,434TWh로 전년(10,288TWh) 대비 1.4% 증가했다(Ember, 2024). 경제성장이 시급한 신흥국과 개발도상국이 값싸고 구하기 쉬운 석탄화력발전 비중을 높인 데다 가뭄, 국제정세 변화 등으로 물(수력), 천연가스와 같은 다른 에너지원의 수급이 불안정해진 영향이다.

석탄 사용의 단계적 폐지를 위한 노력

그렇다고 이 상황을 이대로 둘 수는 없는 일이다. 위기감을 느낀 국제사회가 다시 움직이기 시작했다. 2024년 4월 이탈리아 토리노에서 열린 G7 기후·에너지·환경 장관 회담에서 2035년까지 '감축되지 않는 석탄화력발전소'를 단계적으로 폐지하기로 합의했다. 특히 이번 합의는 2023년 열린 제28차 유엔 기후협약 당사국 총회(COP28: Conference of Parties of the UNFCCC)에서의 화석연료 퇴출 논의에서 한발 더 나아갔다는 큰 의미가 있다. 2023년 COP28에서는 합의문에 '퇴출(Out)' 대신 '전환(Transition)'이라는 표현을 넣는 데 그쳤으나, 2024년 G7 합의문에는 '2035년'이라는 구체적인 기한과 '단계적 폐지(Phase out)'라는 표현이 명시됐다.

G7은 석탄화력발전을 빠르게 퇴출하겠다는 선진국들의 의지를 다시 한번 세계에 알리고, '감축되지 않는(Unabated)'이라

는 단서를 달아 아직 석탄 의존도가 높은 국가들이 현실성 있는 대책을 마련할 시간을 벌어주었다. 탄소 포집·활용·저장(CCUS: Carbon Capture, Utilization and Storage), 수소·암모니아 혼소 등의 기술적 해법으로 탄소배출량을 감축할 수 있다면 2035년 이후에도 석탄화력발전소를 운영할 수 있게 여지를 남긴 것이다. 이에 따라 국제사회의 석탄화력발전 퇴출 움직임과 여러 친환경 기술의 연구개발에도 속도가 붙을 것으로 기대된다.

G7 각국은 이번 합의 이전부터 화석연료 퇴출을 위한 준비를 진행해 오고 있었다. 2017년 석탄화력발전의 신속한 퇴출을 위해 영국·캐나다 주도로 탈석탄동맹(PPCA: Powering Past Coal Alliance)이 결성되어 2024년까지 60개 나라가 가입했다. 탈석탄동맹은 경제협력개발기구(OECD) 및 유럽연합(EU) 회원국들은 2030년까지 석탄화력발전을 폐쇄하고, 그 외의 나라들은 2040년까지 석탄 사용의 단계적 폐지를 목표로 하고 있다.

미국은 2023년 탈석탄동맹에 가입한 데 이어 2024년 4월 G7 합의 직전에는 현재 가동 중인 석탄화력발전소의 탄소 배출량을 전면 감축하는 규정을 발표했다. 2039년 1월 1일 이후까지 장기 가동 계획이 있는 석탄화력발전소는 의무적으로 탄소배출량을 90%까지 감축하도록 한 것이다.

G7 중 석탄화력발전 비중이 가장 높은 일본도 화석연료 퇴출의 필요성에 공감하고 행동으로 옮기고 있다. 일본은 2050년 탄소중립을 위해 2030년까지 2013년 대비 46%의 탄소배출량을 감축하겠다는 목표를 제시하고, 이후 2023년 COP28에서 "더 이상 석탄화력발전소를 짓지 않겠다"고 공언하며 퇴출 찬성에 힘을 실었다.

독일도 러시아·우크라이나 전쟁 발발 직후 발생한 에너지 부족 문제 해결을 위해 석탄화력발전소 7곳을 재가동하다가 2024년 3월 다시 가동을 중단했다. 독일은 2030년까지 재생에너지 비중을 80%로 높이고 2045년까지 탄소배출량을 '0(Zero)'로 만드는 것을 목표로 다양한 정책을 추진하고 있다.

이처럼 세계 질서를 주도하는 G7이 적극적인 행동에 나섰지만, 필요한 것은 행동의 지속성과 더 많은 나라들의 동참이다. G7은 2024년 4월 토리노 합의 후 발표한 공동 성명서를 통해 "2030년까지 재생에너지 설치용량을 11TW로 확대하고 전 세계 평균 연간 에너지 효율성 개선율을 4%로 늘린다"는 기존 합의를 재확인하면서 "충실히 이행돼야 한다"고 거듭 강조했다.

탈석탄 기조는 우리나라를 포함한 세계 각국으로 확산되어야 할 것이며, 그렇게 줄어든 석탄화력발전의 빈자리는 태양광 등의 재생에너지로 채워져야 할 것이다. 실제로 국제에너지기구

(IEA)에 따르면 세계적으로 태양광·풍력의 재생에너지 전력 생산량은 2010년대부터 꾸준히 증가해 전 세계 전력 공급에서 재생에너지가 차지하는 비중은 2023년 30%로 증가했고, 2025년 35%에 도달할 것이며, 같은 기간 석탄이 차지하는 비중은 2023년 36%에서 33%로 감소할 것으로 예상했다. 태양광 모듈 공급량이 늘고 수요가 증가하면서 유통 가격도 기존 화석연료 발전원 가격과 비슷하거나 저렴해졌다. 그 결과 독일·호주 등 일부 국가에서 재생에너지 전력 생산 비용이 현재 전력망에서 전력을 구매하는 가격과 균형을 이루는 그리드 패리티(Grid Parity)를 달성하고 있다는 점은 미래에너지의 방향을 예측하고 대응책을 세우는 데 참고할 수 있을 것이다.

• 2024년 4월 열린 G7 기후·에너지·환경 장관 회담

03 원유의 불편한 진실

｜ 불안정한 유가에 세계 최대 산유국도 탈석유로

세계 최대 산유국인 사우디아라비아는 장기적으로 미래 탈석유 시대를 대비하고 석유 의존도를 줄여 환경 분야에서의 책임을 다한다는 이미지를 홍보하기 위해 재생에너지 활용을 늘리고자 노력해왔다. 그러나 2010년 219TWh였던 자국의 전력 소비량이 2016년 341TWh로 껑충 뛰었음에도 재생에너지 활용은 부진했다.

하지만 사우디아라비아는 2014년 국제유가가 급락하는 바람에 2015년 큰 재정적자를 겪고, 자국 내 석유 소비량이 급증한 데다 이산화탄소 배출량도 2010년 418메가톤에서 2015년 531메가톤으로 크게 늘어 국제사회로부터 화석연료 사용이 지나치다는 비판을 받았다.

이에 사우디아라비아는 2016년 4월 경제적 탈석유와 에너지원 다변화 종합 전략인 '사우디 비전 2030'을 공개했다. 원래 2030년까지의 목표를 따로 설정하지 않고 2023년까지 재생에너지 생산량 9.5GW를 달성하겠다고 했으나, 2018년 말 사우디아라비아 재생에너지사업개발실(REPDO)은 2023년 목표를 27.3GW로, 2030년 58.7GW로 상향했다. 이러한 야심찬 계획에 비해 실제 재생에너지 발전량 확충은 아직 미미하지만, 탈석유와 재생에너지 투자는 꾸준히 지속할 것으로 보인다. 지금은 비록 세계 최대의 석유 생산국이지만, 앞으로 석유가 고갈될 것에 대비해 건설·관광·물류 등 다양한 산업을 육성해 첨단기술과 민간 투자의 중심지로 경제 구조를 바꾸고자 하기 때문이다.

• 300MW 규모의 사우디아라비아 사카카 태양광 발전소

 사우디아라비아가 태양광발전 등 재생에너지에 눈을 돌린 이유는 또 있다. 이 나라는 석유 에너지로 매일 전기를 생산하고 바닷물을 담수화하는데, 2030년이 되면 담수화에 원유 생산량의 30%를 써야 한다. 이때 태양광발전으로 전력을 생산하고 담수화할 경우 원가가 석유보다 10~20%로 저렴해진다.

무엇보다 사우디아라비아뿐만 아니라 전 세계가 석유에 의존하는 에너지 구조를 바꿔야 하는 이유는 1989년부터 2023년까지의 불안정한 유가 변화에서 찾을 수 있다. 두바이 원유의 가격을 보면, 1999년 3분기까지 대체로 배럴당 20달러 수준이었던 유가는 이후 꾸준히 증가해 2008년 2분기에 116.81달러까지 치솟았다. 그러나 글로벌 금융위기로 그해 4분기에 51.20달러로 폭락 후 다시 올라 2011년부터 100달러대를 유지했다. 이러한 유가도 2014년 3분기 이후 급락해 2016년 1분기 30.51달러까지 떨어졌다가 2018년 3분기 74.11달러로 회복하고, 코로나19가 확산한 2020년에는 다시 30.62달러로 하락했다. 이후에도 유가의 불안한 변동은 계속되어 포스트 코로나19, 우크라이나·러시아 전쟁 등 원유의 수요와 공급에 영향을 미치는 변수가 발생할 때마다 등락을 거듭해 2024년 3분기 78.73달러에 이르고 있다. 세계적인 탄소배출량 제한으로 인해 에너지 산업에서 태양광·풍력 등 재생에너지가 차지하는 비중이 늘어난다면 유가는 다시 어떻게 요동칠지 예상하기 어려운 것이 현실이다.

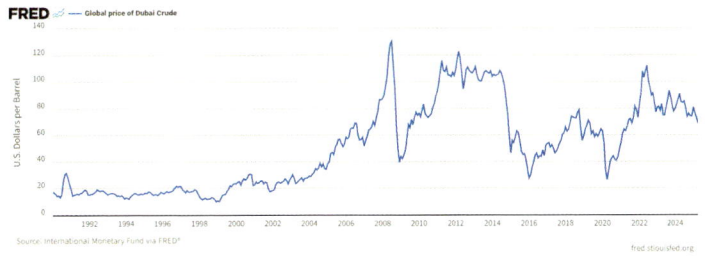

• 1990년대부터 2024년 현재까지 두바이 원유의 가격 추이

오일샌드, 온실가스의 주범

세계에서 둘째로 큰 나라이자 에너지 부국인 캐나다의 석유는 주로 앨버타주와 서스캐처원주를 중심으로 하는 서부 퇴적 분지에서 생산되고 있다. 그리고 다른 나라와 달리 모래와 석유가 섞인 치약처럼 끈적한 오일샌드(oil sands)가 전체 매장량의 97%를 차지하고 있다.

그런데 오일샌드에서 생산되는 원유는 값이 저렴한 반면 심각한 환경 문제를 야기하고 있다. 오일샌드에서 석유를 추출하는 과정에서 매년 발생하는 온실가스가 약 8,000만 톤으로 우리나라 연간 온실가스 배출량의 12%에 달한다. 이는 오일샌드가 온실가스의 주요 주범으로 지목되는 이유이다.

오일샌드에서 석유를 추출하는 방법은 크게 두 가지가 있다. 첫 번째 노천 채굴 방식은 거대한 굴착기로 오일샌드를 직접 떠내고, 온수와 화학 첨가제를 혼합하여 슬러리 형태로 만든 뒤 비중에 따라 역청·모래·물을 분리한다. 생산 과정이 간단하고 직관적이지만, 넓은 면적의 산림과 지형을 파괴해 생태계가 훼손되고 지역 주민들의 생계에도 부정적인 영향을 미칠 수 있다.

두 번째 원위치 생산(In-Situ) 방식은 더 깊은 지하에 있는 오일샌드층에서 석유를 추출한다. 지하 200~600m에 시추공을 뚫고 고온 고압의 증기를 계속 주입해 역청의 점도를 낮춘 후, 물과 함께 석유를 지상으로 끌어올리는 방법이다. 이 방식은 생산 효율이 높고 자연 파괴가 상대적으로 적지만 많은 물과 에너지를 소모해야 하므로 온실가스 배출을 더욱 증가시키는 요인이 된다.

결론적으로 캐나다는 막대한 에너지 자원인 오일샌드를 보유하고 있지만, 그 생산 과정에서 발생하는 온실가스는 기후 변화의 주요 원인 중 하나로 지목되고 있다. 캐나다 정부는 지속 가능한 오일샌드 개발을 위해 탄소 포집 및 저장(CCS) 기술로 오일샌드에서 발생하는 온실가스를 줄이는 방안을 고심하고 있다.

● 캐나다 앨버타주 밀드레드 호수에서 아스팔트를 업그레이드하는 과정에서 생성된 부산물인 유황 피라미드

| 전기차의 성장과 배터리의 특징

자동차 업계의 기술 발전도 탈석유의 미래를 앞당기고 있다. 내연기관의 효율이 높아지고 자동차 생산에 투입되는 재료가 가벼워져 연비가 점차 개선되고 있기 때문이다. 이와 함께 하이브리드(HEV), 플러그인 하이브리드(PHEV), 배터리 전기차(BEV), 수소전기차(FCEV) 등의 친환경 자동차가 기존 가솔린·디젤의 내연기관 자동차를 대체하고 있는 것도 주요한 요인으로 꼽힌다. 전 세계 자동차 판매량 중 전기차의 비중은 2018년 2%에서 2022년 14%, 2023년 18%로 증가했다. 2023년 세계 전기차 판매량은 약 1,400만 대로 전년보다 35% 증가했으며, 운행 중인 전기차는 2018년보다 6배 이상 늘어난 4,000만 대에 이른다.

이러한 전기차의 성장은 중국·유럽(독일·프랑스·영국)·미국이 주도하고 있다. 2023년 중국의 내연기관차 시장은 8% 축소됐으나 신규 전기차 810만 대가 등록되는 등 전기차 판매가 증가해 중국 전체 자동차 시장은 오히려 5% 성장했다. 또한 중국은 2023년 총 400만 대 이상의 자동차를 수출해 세계 자동차 수출 1위를 차지했는데, 이 중 전기차가 120만 대로 전기차 수출량이 80% 늘어났다. 유럽도 2023년 320만 대의 전기차가 신규 등록돼 2022년보다 20% 증가했으며, 미국은 140만 대의 전기차가 신규 등록돼 전년보다 40% 증가했다.

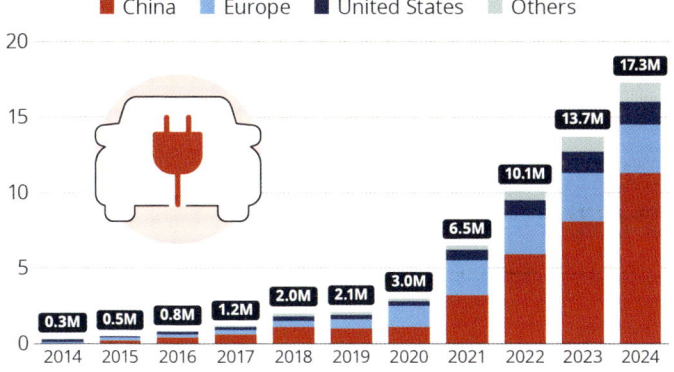

• 글로벌 전기차 판매량 변화

    2022년 말부터 중국 전기차 시장에서 테슬라와 BYD의 선두 경쟁이 치열해지면서 각자 전기차 가격을 낮췄다. 두 기업은 2023년 전기차 판매의 35%를 차지하며 시장을 선도하고 있으며, 2022년 이후 BYD가 테슬라를 제치고 세계에서 전기차를 가장 많이 판매한 제조기업이 됐다. 다만 미국 시장의 2023년 전기차 판매량은 테슬라가 1위(45%), 현대·기아가 2위(8%)를 차지했다.
    국제에너지기구(IEA)는 2035년까지의 수송 부문 전기화에 대해 '현재 정책(STEPS)', '목표 공약(APS)', '2050년 넷제로(NZE)'의 세 가지 시나리오에 따른 전망치를 제시했다. 이 중 가장 보수적으로 현재 세계 각국의 정책을 따르는 '현재 정책' 시나리오대로라면 세계 전기차 보유량은 2023년 4,500만 대 미만에서 2035년까지 5억 2,500만 대로 10배 이상 증가해 도로 위 차량 4대 중 1대는 전기차가 될 것으로 전망했다.

이와 함께 전기차 충전 인프라의 보급도 확대되고 있으며, 전기차 배터리 수요도 2023년 750GWh 이상으로 2022년보다 40% 증가했다. 이에 배터리에 필요한 리튬·코발트·니켈의 수요와 공급이 증가했다.

현재 전기차의 핵심 부품인 배터리는 리튬이온 배터리로 구성요소와 형태에 따라 여러 가지로 분류되는데 LFP(리튬인산철) 배터리와 NCM(니켈 코발트 망간) 배터리가 가장 많이 언급된다.

전기차 배터리의 종류

구분	NCM 배터리	LFP 배터리	전고체 배터리
구성	니켈·코발트·망간	리튬인산철(LiFePO4)	고체 전해질
에너지 밀도	높은 편	낮은 편	매우 높음
수명	중간 수준	긴 편	매우 긴 편
안전성	낮음	높음	매우 높음
저온 성능	높은 편	낮은 편	매우 높음
가격	비교적 비쌈	비교적 저렴	매우 비쌈

• 전기차 배터리

　전기차는 이러한 리튬이온 배터리 기술 발전 덕분에 늘어났다. 그러나 리튬이온 배터리는 겨울에는 낮은 온도로 인해 주행거리가 감소하고 충전시간도 길어지는 단점이 있다. 그래서 업계에서는 상용화를 위해 연구개발 중인 전고체 배터리를 주목하고 있다. 전고체 배터리는 에너지 밀도가 높아 주행거리 문제를 해결할 수 있고, 낮은 온도에서도 상온과 같은 효율을 발휘해 리튬이온 배터리의 단점을 극복할 것으로 기대된다. 다만 전기차 배터리의 평균 수명이 7년 정도라 앞으로 폐배터리가 환경오염의 원인이 될 것이란 우려도 있다. 다행히 관련 기업들이 폐배터리를 분해해 추출한 원재료로 새 배터리를 만드는 재활용 기술을 개발·적용함으로써 자원을 절약하고 환경오염을 최소화하고자 노력하고 있다.

 지금까지 기술의 혁신이 거듭된 과정을 따라 전기차가 내연기관차와 가격이나 성능 면에서 대등하거나 그 이상의 경쟁력을 갖추게 된다면 석유 수요도 감소해 탈석유로 가는 길이 앞당겨질 것이다.

04 보조적 에너지 솔루션 천연가스

│ 청정에너지 천연가스의 허실

천연가스는 '청정에너지'라는 이름으로 불리며 국내 시내버스에도 많이 도입되어 있다. 그러나 천연가스의 '청정'은 어디까지나 다른 화석연료보다 상대적으로 청정함을 의미할 뿐이다. 천연가스는 탄소 배출량이 석탄보다 45%, 석유보다 30% 적다. 또 분자량이 적어 연소율이 높고 미세먼지 배출량도 상대적으로 적다. 그러나 연소되지 않은 가스는 사정이 다르다. 천연가스의 주성분인 메탄은 20년 동안 머물면서 이산화탄소보다 72배 강한 온실효과를 일으킨다.

천연가스의 일종인 셰일가스를 채취할 때 사용하는 수압파쇄법(프래킹)에도 문제가 있다. 수압파쇄법은 지층 깊이 구멍을 뚫고 물·모래·화학약품 등을 섞은 혼합 물질을 강한 압력으로 분사해 셰일가스를 둘러싼 광물을 파쇄한다. 이때 생긴 틈새를 통해 갇힌 셰일가스가 지상으로 올라온다. 수압파쇄법은 단단한 암석을 뚫을 수 있어 더 많은 곳에서 셰일가스를 추출할 수 있고, 미국이 이 방법으로 2018년 세계 1위 산유국이 되었다. 그러나 인공적으로 지반을 파괴해 싱크홀이나 지진을 일으킬 수 있고, 화학약품이 지하수와 땅을 오염시킬 수 있어 독일·프랑스·호주 등에서는 금지하고 있다.

  또 천연가스를 유통하려면 압축하거나 냉각해서 액화시켜야 하므로 압축천연가스(CNG)와 액화천연가스(LNG) 설비를 구축해야 한다. 수송과 관리를 위한 별도의 시설과 선박 등 운송수단에도 큰 비용이 포함되어 발전단가가 다른 에너지원보다 낮지 않다. 이렇게 천연가스를 생산하고 수송하는 과정에서도 메탄이 누출되어 온실가스 효과를 일으키기도 한다.

  천연가스의 수급과 발전단가에는 국제정세의 변화도 영향을 끼친다. 천연가스 수요는 2011년 이후 연평균 2% 내외로 증가하는 모습을 보였으나, 우크라이나·러시아 전쟁 과정에서 가스 시장이 축소되면서 선진국과 신흥국에서 수요가 감소했다. 러시아가 자국의 천연가스 공급을 무기로 서유럽을 향해 우크라이나·러시아 전쟁에 개입하지 말 것을 압박한 것이다. 이에 러시아산 가스를 대체할 신규 LNG 프로젝트에 관심이 늘었지만, 장기적으로는 선진국을 중심으로 재생에너지 전환을 가속하면서 천연가스의 위상이 약화된 것도 사실이다.

  한편 2024년 8월 우리나라의 액화천연가스(LNG) 발전단가는 kWh당 186.8원으로 석탄·원자력이나 태양광(154.4원/kWh)·풍력(142.9원/kWh)보다 다소 높고 국제정세에 따라 가격의 불안정성이 크다. 따라서 우리나라에서는 전력 수요에 따라 주로 하루 중

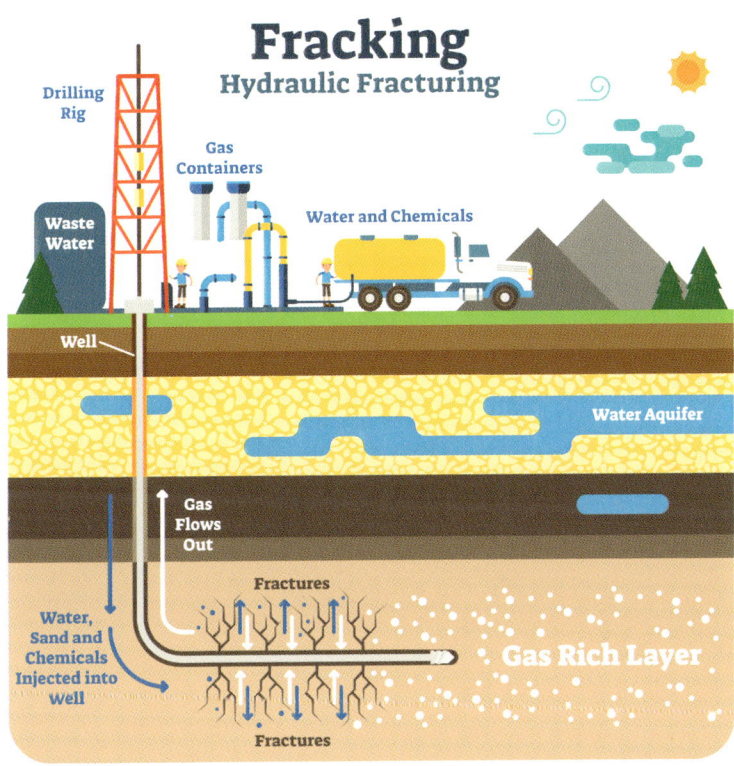

• 셰일가스를 채취할 때 사용하는 수압파쇄법

전기 사용량이 많은 시간대에 천연가스를 화력발전 에너지원으로 투입하고 있다.

국제에너지기구(IEA)도 천연가스의 수요가 2030년 정점을 찍은 이후 급감할 것으로 전망했다.

• 저장을 위해 가스 터미널 가스 탱크에 정박된 액화천연가스(LNG) 탱커

탈석탄과 탄소중립으로 가는 징검다리

위와 같은 여러 이유로 천연가스를 청정에너지라 부르기 어렵고 그 위상도 불안정한데도, 에너지원으로서 천연가스의 가치를 여전히 낮게 볼 수 없는 것은 세계적으로 탄소중립을 이행하기

위한 탈석탄의 흐름과 밀접한 관련이 있다. 한마디로 석탄을 대체할 연료로 천연가스를 주목하는 것이다.

탄소중립을 이행해야 하는 나라들의 입장과 이해관계는 서로 다르다. 선진국 그룹은 이미 안정화된 전력 수요에 대응해 에너지원을 다변화하면 된다. 실제로 노후화된 원자력발전소 수명을 연장하고, 신규 원전을 건설하거나 뒤에서 설명할 소형모듈원자로(SMR)의 상용화를 앞당기기 위한 기술혁신을 추진하고 있다. 그러나 원전 1기를 새로 건설해 상업 가동하는 데 최소 8년 이상이 걸리고, SMR도 2030년 전후에야 상용화될 것으로 예상된다. 한편 전력 수요가 빠르게 증가하는 중국·인도·동남아 등 신흥국 그룹은 화석연료 기반의 화력발전 시스템을 갖고 있어 쉽게 정책을 바꾸기 어렵다.

선진국이든 신흥국이든 재생에너지와 원자력발전 기반의 전력 공급을 제때 하기 어렵다면 기존의 화력발전을 이용하면서 단계적으로 탄소 배출을 줄여갈 수 있는 대체 연료를 활용하는 것이 합리적이라 할 수 있다. 그 대체 연료의 역할을 바로 천연가스가 담당할 수 있다. 가스화력발전은 안정적인 발전량을 유지할 수 있고 실시간 수요 변화에 유연하게 대응할 수 있으며 필요한 부지 면적도 석탄화력발전보다 작은 수준이다. 또한 가스화력발전소는 착공 후 2~3년 이내에 상업 운전이 가능해 원자력발전소는 물론 4~5년 걸리는 석탄화력발전소보다 빠르게 가동할 수 있다.

실제로 글로벌 ESG 요건이 강화되면서 전 세계적으로 200개 이상의 금융기관이 석탄 투자를 제한함에 따라 석탄 발전에 대한 자금조달 여건이 부정적으로 변했다. 이는 전력 수요의 급증으로 석탄화력 비중이 높았던 아시아·태평양의 신흥국에도 마찬가지로 적용되어 석탄화력발전소 신규 투자 계획을 취소하고 가스터빈 기반의 복합화력발전소로 전환하는 경향이 있다. 또한 셰일가스 붐을 기반으로 천연가스 가격이 안정된 미국은 총 발전 전력량에서 석탄이 차지하던 비중의 상당량을 천연가스가 대체하고 있다.

결론적으로 천연가스는 석탄·석유의 비중을 대체하고 장기적으로 재생에너지의 한계를 보완하는 에너지원의 형태로 수요가 형성될 것으로 예상된다. 탄소 포집 기술을 함께 사용한다면 재생에너지 비중이 늘어나는 시점에서도 천연가스의 수요는 일정 기간 유지될 것이다.

05 분산형 에너지 활성화와
　　소형모듈원자로(SMR)

｜ 원자력발전의 장단점과 SMR 개발

　화석연료의 대안으로 20세기 중후반에 등장한 원자력발전은 경제적이고 깨끗하며 안전한 에너지로 알려져 왔다. 우리나라에서도 1970년대 고리1호기 원자력발전소를 시작으로 원자력발전은 대규모 전력을 안정적으로 생산하고 국내에서 소비되는 전력의 20~30%가량을 값싸게 공급해 늘어나는 전력 수요를 충족하고 경제성장에 이바지해 왔다.

　최근에도 세계적으로 탄소중립을 달성하는 수단의 하나로 원자력발전을 인정해 활성화하고 있다. 2022년 7월 6일 유럽연합 의회는 2050년까지 탄소중립 달성을 목표로 환경을 위해 지속 가능한 경제활동의 기준인 EU 그린 택소노미(Green Taxonomy)를 진통 끝에 통과시켜 2023년 시행을 확정했다. 이 기준은 풍력·태양광과 함께 원자력과 천연가스를 녹색분류체계에 포함했는데, 원자력에는 고준위 방사성 폐기물 처리계획을 완벽히 준비해야 한다는 전제조건을 달았다. 사용후핵연료를 처분하는 기술과 부지·시설·자금조달에 관한 구체적이고 상세한 계획이 있을 때만 원자력을 친환경 기술로 인정하겠다는 것이다.

• 원자력발전소에서 방출되는 연기

유럽연합 의회가 원자력발전을 친환경 기술로 인정하는데 조건을 단 것은, 원자력발전의 단점인 안전성 문제를 무시할 수 없기 때문이다. 1979년 미국 스리마일, 1986년 구소련 체르노빌, 2011년 일본 후쿠시마에서 일어난 원자력발전소 사고로 원자력발전의 안전성에 대한 의문이 끊임없이 제기되어 왔다. 자연 상태에서 접할 수 있는, 비에 녹아있는 방사성 물질은 극히 소량으로 맞더라도 잘 씻으면 인체에 큰 영향은 없다. 하지만 우라늄 원료가 핵 분열하면서 생기는 세슘은 짧은 시간에 많은 양이 인체에 침투한다면 불임증·전신마비·백내장·탈모 현상을 일으키고, 골수

암·폐암·갑상샘암·유방암 등을 유발할 수 있다. 방사선이 인체에 치명적인 것은 방사선을 쪼이면 방사선의 강한 전리작용으로 세포핵 속의 유전물질 또는 유전자(DNA)가 돌연변이를 일으키거나 파괴되기 때문이다.

원자력발전 후 발생하는 사용후핵연료의 저장·관리도 어려운 문제다. 우리나라는 지금까지 발생한 사용후핵연료를 모두 원전 부지 내 수조에 임시 저장해 왔다. 그러나 2030년 한빛원전을 시작으로 임시 저장 시설이 순차적으로 포화되기 때문에 저장 용량을 늘리는 방안을 모색하며 고준위 방폐장 건설의 법적 근거를 마련하고자 노력하고 있다. 이밖에 노후 원자력발전소를 해체하는 폐로 작업에는 오랜 시간과 큰 비용이 소요되어 향후 이 분야에 관한 기술과 경험이 축적되면 폐로도 하나의 산업이 될 것으로 전망된다.

이에 세계 원전 업계는 그동안의 사고에서 교훈을 얻어 원전에서 방사선 누출이나 인체 피폭을 예방하고 더욱 안전하고 깨끗하게 전기를 생산하는 새로운 기술을 활발히 개발하고 있다. 그중 가장 주목받는 것이 바로 소형모듈원자로(SMR: Small Modular Reactor) 기술이다. 전 세계에서 현재 80여 종의 다양한 SMR이 개발되고 있다. 대표적으로 미국 뉴스케일의 SMR은 검증된 가압경수로 기술을 기반으로 수조 속에 원자로를 배치해 안전성과 경제성을 높여 2020년 8월 미국원자력규제위원회가 SMR 중 최초로 설계인증을 했다. 빌 게이츠가 2006년 설립한 테라파워도 2030년 완공 및 가동을 목표로 345MW급 출력의 SMR을 설계했다. 1980년대부터 330MWe급 SIR(Safe Integral Reactor)를 개발한 영국 롤스로이스는 2015년부터 기존 가압경수로와 유사한 설

• 탄소중립의 대안으로 떠오르고 있는 소형모듈원자로(SMR)

계 방식의 470MWe급 SMR을 개발하고 있다.

SMR은 그 이름에 기술의 특징이 집약되어 있다. 기존 원전의 용량이 대형이라면 S(Small)의 '소형'은 이보다 작은 규모의 용량을 활용한다는 의미이다. 우리나라의 최신 대형원전인 APR1400이 1,400MWe인데, 우리나라가 현재 개발 중인 혁신형 SMR(i-SMR: innovative Small Modular Reactor)은 1기당 170MWe의 용량을 갖고 있다. M(Modular)의 '모듈'은 원자로 자체의 모듈화와 주요기기의 모듈화라는 두 가지 특징이 담겨 있다. 원자로 자체의 모듈화는 수요에 따라 여러 개의 원자로를 함께 설치할 수 있다는 의미이다. 주요기기의 모듈화는 건설 현장에서 주요기기를 차례로 제작하는 기존 원전과 달리 공장에서 완성품을 제작해 건설비용을 획기적으로 낮출 수 있다는 뜻이다.

이러한 SMR은 오늘날 새로운 에너지 공급 방식으로 떠오르는 에너지 분산화 정책과 함께 더욱 주목받고 있다. 우리나라는 2023년 6월 13일 「분산에너지 활성화 특별법(「분산에너지법」)」을 제정하고 2024년 6월 14일 시행에 들어갔다. 이 법은 분산에너지 활성화를 위한 기반을 조성하거나 분산에너지를 확대하는 데에 필요한 사항을 규정했다. 멀리 있는 대규모 발전소 대신 전기를 사용하는 지역 인근의 발전소에서 전력을 생산·소비하도록 하는 에너지의 분산화를 장려하는 내용이다. 이 법에 따라 장거리 송배전이나 중앙집중식 관리에서 벗어나 에너지 생산과 소비를 독립적으로 할 수 있는 지역 관리 전력시스템 구축을 촉진할 수 있게 되었다.

SMR이 보완할 에너지 분산의 미래

그렇다면 SMR은 분산에너지 활성화에 어떻게 이바지할 수 있을까. 우선 소형화로 인해 상대적으로 적은 에너지 수요에도 대형원전처럼 안정적으로 전력을 공급할 수 있다. 데이터센터·산업단지·스마트팜 등 일정한 전력을 지속해서 공급해야 하는 곳에 적절히 활용할 수 있을 것이다. 물론 SMR도 대형원전과 같이 근방을 방사선비상계획구역(EPZ: Emergency Planning Zone)으로 설정해야 하는 것은 우려할 수 있다. 그러나 이론적으로 SMR은 소형화되고 안전성이 높아져 EPZ의 범위를 발전소 부지 경계 내인 1km 미만으로 설정할 수 있다.

오지나 도서 지역처럼 전력 계통 연결과 건설이 어려운 지역은 이산화탄소를 발생하는 화력발전을 활용하고 있지만, SMR이 이러한 화력발전을 대체해 안정적인 전력 공급과 탄소중립에 이바지할 것으로 기대된다. 실제로 2018년 러시아는 바지선에 SMR을 탑재해 2019년 동시베리아해에 인접한 최북단 도시 페베크에 전력을 공급하기 시작했다. 또한 2023년 한국원자력연구원은 캐나다 앨버타주 정부와 한국형 SMR 스마트(SMART)를 앨버타주 탄소 감축에 활용하기 위한 상호협력 협약을 체결했다. 앨버타주에서 오일샌드(돌이나 모래와 함께 굳은 형태의 원유) 채굴에 필요한 증기를 스마트(SMART)로 공급하는 방안을 구상하고 있다.

재생에너지는 분명 청정에너지원이지만 날씨나 시간 등 외부 요인으로 인해 전력을 안정적으로 공급하는 데에 약점이 있다. 풍력발전은 바람이 불 때만 전기를 생산할 수 있고, 태양광발전은 햇빛이 있는 낮에만 전기를 생산할 수 있다. 이를 보완하고자 낮 동안 남는 전기를 배터리에 저장해 밤에 활용하거나 화력발전을 돌려왔다. 이러한 보완책으로 SMR 도입을 고려할 수 있다. 최근 개발되는 SMR은 기존 대형원전과 달리 전력을 자유롭게 조절하는 부하추종 능력을 보유하는 것을 목표로 하고 있다. 정교한 출력 조정은 가스발전이나 에너지저장장치에 비해 부족할 수 있지만, 다양한 활용성으로 보강할 수 있다.

특히 원자력발전 과정에서 생기는 열을 태양광발전이 활발히 운영되는 시간대에 수소 생산으로 활용한다면, 전기와 수소의 안정적 공급에 특화된 분산에너지 지역을 그려볼 수 있다.

분산에너지 활성화를 촉진할 미래에너지의 대안으로 평가받는 SMR은 2030년 전후에 실용화될 것으로 예상된다. 대형원전을 소형화한 경수형 SMR은 러시아·중국·캐나다 등에서 실증 단계에

돌입했으며, 대형원전과 다른 방식으로 발전하는 비경수형 SMR도 세계적으로 치열하게 연구개발이 진행되고 있다. 우리나라의 경수형 SMR 중 앞에서 언급한 SMART는 2012년 설계인가를 획득했다. 또한 SMART의 개발 역량을 바탕으로 과학기술정보통신부와 산업통상자원부가 2023년 혁신형 소형모듈원자로(i-SMR) 기술개발사업단을 출범시켜 2028년 핵심기술 개발과 표준설계인가를 목표로 설계를 진행하고 있다.

SMR 기술개발과 함께 「분산에너지법」과 같은 제도적 환경과 산업체계가 잘 정비된다면 우리나라 곳곳에 SMR이 지어져 태양광·풍력발전소와 함께 안정적이고 청정한 에너지를 공급하게 될 것이다.

• 2023년 혁신형 소형모듈원자로(i-SMR) 기술개발사업단 출범식

1장
에너지 위기와 도전

06 수소 에너지의 가능성

| 수소 생태계 활성화의 추세와 해결 과제

　수소는 최근 화석연료를 대체할 에너지 중 하나로 각광받고 있다. 화석연료보다 다루기 어렵고 비싸지만, 화석연료 대신 태워 전기를 만들 수 있고 그 과정에서 온실가스를 배출하지 않아 친환경을 실현할 에너지원으로 꼽힌다. 이미 우리나라를 포함한 여러 나라에서 수소의 중요성을 주목하고 있어, 전 세계 수소 수요는 다양한 산업에서 성장할 것으로 전망된다.

　수소는 생산 방식에 따라 앞에 붙는 수식어가 다르다. 생산에 활용되는 에너지원이 화석연료이면 그레이수소, 화석연료지만 탄소 포집을 적용하면 블루수소, 원자력이면 핑크수소, 재생에너지면 그린수소로 분류된다. 지금은 수소 산업이 발전 초기 단계이며, 우선 수소 생태계 활성화를 목표로 해서 수소의 종류를 가리지 않고 지원하는 추세이다. 가령 현재도 수소 연료전지는 일정 부분 데이터센터의 백업 전원으로 사용되고 있는데, 문제는 여기에 대부분 천연가스로 만든 그레이수소나 블루수소를 사용하고 있다는 점이다. 이런 종류의 수소를 1톤 생산할 때 이산화탄소 약 10톤이 배출되므로, 탄소배출권을 구매하는 등의 방식으로 탄소 배출을 상쇄해야 한다. 그러므로 궁극적으로는 가장 깨끗하다고 평가되는 그린수소를 중심으로 한 생태계 구축을 지향하고 있다.

그런데 상온에서 기체 상태인 수소는 밀도가 낮아 운송이 어렵다. 수소를 먼 거리에서 경제적으로 이동시키려면 첫째, 액화하는 방법이 있다. 액화수소는 화학적 공정을 수반하지 않아도 에너지 밀도가 높고 불순물 우려도 적지만, -253°C의 극저온 환경을 유지하는 데 더 많은 에너지가 필요하다. 둘째, 암모니아로 변환하는 방법도 있다. 이 경우 상온에서 에너지 밀도가 높은 액체 상태로 보관할 수 있지만, 변환과 재변환에 비용이 더 든다. 이밖에 다양한 수소 운송 방식이 활발하게 연구되고 있다.

운송 수단도 고려할 필요가 있다. 지역 간 거리가 가깝다면 파이프라인이 가장 경제적인 선택지다. 천연가스 운송 등 다른 용도로 이용하던 파이프라인 인프라가 이미 구축돼 있다면 효율을 더 높일 수 있다. 하지만 설치된 경로로만 운송할 수 있고 시간이 오래 걸리는 등의 단점이 있어, 상황에 따라 트럭 등 다른 수단이 유리할 수도 있다. 지역 간 거리가 멀 때는 선박을 통한 해상 운송이 경제적이라고 알려져 있다.

│ 그린수소의 가능성

수소 중에서도 그린수소를 만드는 데 쓰이는 재생에너지는 지역별로 경제성이 천차만별이다. 예를 들어 태양광발전은 평지 위주이고 일조량이 풍부한 지역과 산이 많고 구름·안개·비가 많은 지역의 발전량이 다르다. 또한 나라별 경제 환경에 따라 자금조달 금리나 설비 구축·운영에 들어가는 비용이 다른 것도 경제성에 영향을 줄 수 있다.

이러한 차이는 곧 재생에너지로 만드는 그린수소의 생산비용 차이로 이어진다. 만약 수소를 수입하는 비용과 운송비용을 합쳤을 때 생산비용보다 더 싸다면 수소를 수입하는 것이 합리적이다.

• 탱크와 파이프라인을 갖춘 친환경 수소 생산 공장

현재 그린수소의 생산비용은 그레이수소나 블루수소의 몇 곱절이다. 그린수소를 만드는 데 필요한 재생에너지의 가격이 비싸고 전해조 설비를 갖추는 데도 큰 비용이 소요되기 때문이다. 하지만 앞으로 설비 단가가 하락하고 기술 발전에 따라 설비의 생산 효율과 수명이 늘어나면 그린수소 생산비용도 충분히 낮아질 것이다.

국제재생에너지기구(IRENA)는 최근 연구에서 2019년 1kg당 3.2~7.7달러 수준이던 그린수소 생산비용이 2050년에는 거의 대부분의 나라에서 1kg당 2달러 이하까지 떨어질 것으로 전망했다. 운송비용은 더 크게 떨어져, 선박 활용 기준으로 2022년 1kg당 6.5~17.3달러 수준에서 2050년에는 1kg당 0.8~1.7달러 수준까지 낮아질 것으로 예상된다. 부두·항만·운반선 등의 인프라가 구축되어 점차 규모의 경제를 갖추고 기술의 발전으로 장거리 운송을 위한 수소 변환 및 재변환 효율도 개선될 것이기 때문이다. 여기에 여러 프로젝트를 진행하며 경험이 쌓이고 운송 절차가 최적화되면 추가적인 비용 절감도 기대할 수 있다.

이렇게 수소를 더 저렴한 가격에 공급하면 중대형 자동차, 바이오연료, 철강, 암모니아, 에너지 저장·발전, 메탄올베이스(MeOH), 난방 등의 분야로 수요가 확대될 수 있다. 앞서 언급했던 데이터센터 전력 설비에 필요한 장주기 저장장치의 에너지원도 궁극에는 그린수소+연료전지(SOFC/PEMFC)가 맡게 될 수 있다. 향후 그린수소를 활용한 연료전지, 천연가스와 탄소 포집 및 저장(CCS) 기술을 활용한 블루수소와 연료전지, 생산된 수소를 일부 또는 전부 사용해 터빈으로 전기를 생산해 이산화탄소를 줄이는 방식 등 수소를 둘러싼 다양한 활용 방식들이 경쟁하게 될 것으로 전망된다.

• 버스용 수소 에너지 저장 가스 탱크

| 수소 무역 생태계의 미래

이미 호주·캐나다·노르웨이 등은 충분한 재생에너지 발전 능력을 갖추고 수소 수출을 추진하고 있다. 그중에도 캐나다는 적극적으로 재생에너지 생산 역량을 확보하고 있는데, 최근 독일과 수소 공급 협약을 맺고 그 외에도 많은 그린수소 프로젝트를 추진하고 있다. 이밖에 칠레·포르투갈·스페인·중동 등은 풍부한 재생에너지 잠재력을 활용해 그 뒤를 쫓고 있다. 독일·일본·우리나라 등 수소 생산 여건이 좋지 않은 나라들은 수입경로의 다각화를 시도하는 등 나라들마다 수소 무역을 준비하며 무역 흐름의 윤곽이 드러나고 있다.

수소산업 생태계는 이제 막 첫발을 내딛는 단계다. 그린수소 무역이 실제 궤도에 오르려면 각국의 정책적 노력을 바탕으로 여러 선결조건이 갖춰져야 한다.

어느 산업이든 초기 단계에 시장을 형성하고 기반 인프라를 구축하려면 정부 주도의 대규모 정책 지원과 제도의 뒷받침이 필요하다. 믿을 수 있는 중개자가 투명하고 명확한 가격 신호를 제공해 참여자가 안심하고 거래할 시장 제도와 공정한 규제가 갖춰져야 하며, 기술 성숙과 규모의 경제 효과가 발현돼 사업성이 갖춰질 때까지 정부의 충분한 재정 지원도 필요하다.

또한 수소의 품질에 대한 국제 인증 표준이 필요하다. 지금은 친환경 수소의 호칭도 청정, 저탄소, 그린 등 제각각이며 기준도 모호하다. 만일 100% 재생에너지로 생산했어도 내연기관 자동차로 운송하고 화석연료로 생산한 전기를 사용해 보관한다면 친환경적일까. 즉 수소의 생산·수송·소비의 전 과정에서의 탄소 배출 기준을 정하고 공인할 합의된 체계가 필요하며, 그 거래가 국가를 넘나든다면 국제 표준으로 정립되어야 한다.

   기술혁신도 필요하다. 수소 전기 생산이 활성화되려면 태양광·풍력 등 다른 화석연료 대체 에너지원보다 비용 측면에서 매력적이어야 한다. 운송 또는 변환 과정에서 효율이 개선되거나 재변환 절차 없이 화합물 상태로 직접 활용하는 방법 등 다양한 기술혁신으로 경쟁력을 확보해야 한다.

   앞으로 탄소중립을 위해 전 인류가 노력하는 과정에서 어떤 새로운 패러다임이 열릴지는 알 수 없다. 그러나 현재 수소 중에서도 그린수소는 기술혁신과 각국 정부 지원 등 여러 요소가 겹쳐 태양광·풍력 등과 함께 탄소중립에 중요한 역할을 맡을 것으로 보인다.

07 에너지원 비중의 변화와 태양광

| 각 에너지원의 역할과 비중의 변화

지금까지 석탄·석유·천연가스·원자력·수소 에너지의 특성을 살펴보았다. 이 중 화석연료는 지구온난화를 가속화하고 인류 생존에 부정적인 기후변화를 야기하고 있다. 반면 저탄소·재생에너지는 탄소중립 시대를 앞당기는 데 이바지하고 있으며, 현재 부족한 기술을 보완한다면 더 나은 에너지원으로 각광받을 것으로 기대를 모으고 있다.

기후변화에 대응해 탄소중립을 실현하려면 탄소를 많이 배출하는 에너지원의 사용을 줄이고, 그렇지 않은 에너지원의 사용을 늘려야 한다는 것은 이제 상식으로 자리 잡고 있다. 그러나 에너지원들은 각자의 장단점이 다르므로 상호 보완 관계를 맺고 있다. 또한 각 나라가 처한 경제적·산업적 환경과 전력 생산·송배전 시설의 양과 질이 제각각이기 때문에 탄소중립을 실현하는 이론을 단기간에 현실로 옮겨오는 일은 쉬운 일이 아니다. 따라서 오늘날 세계 각국은 각 에너지원에 서로 다른 역할을 부여하고 그 특성을 충분히 활용하면서 점진적으로 탄소 배출이 적은 에너지원의 비중을 늘려 나가고자 노력하고 있다.

그렇다면 오늘날 세계는 주로 어떤 에너지원으로 전력을 생산하는가. 영국의 에너지 싱크탱크 엠버(Ember)는 전 세계 215개국의 2023년 전력 발전량을 재생에너지별로 분류하고, 전 세계 발전량의 92%를 차지하는 80개국의 발전 내역을 분석해 「국제 전력 리뷰 2023」을 발간했다. 이에 따르면 2023년 세계 재생에너지(수력·태양광·풍력·기타 청정에너지) 발전량은 10년 전 21.7%보다 8.6%포인트 오른 30.3%를 차지했다. 특히 태양광과 풍력의 합계는 2000년 0.2%에서 2023년 13.4%(태양광 5.5%, 풍력 7.8%)로 증가했으며, 태양광은 19년 연속 가장 빠르게 성장했다. 태양광·풍력에 수력 14.3%, 기타 청정에너지 2.7%를 합한 재생에너지 발전량이 30.3%이며, 여기에 원자력 9.1%를 더하면 전체 발전량의 39.4%가 저탄소 발전으로 이뤄진 것이다. 반면 화석연료인 석탄·석유·천연가스를 사용한 화력발전은 2000년 전체의 64.7%에서 2023년 60.6%로 줄었다.

2023년 세계 전력 발전량 비중

석탄	가스	수력	원자력	풍력	태양광	바이오	기타
35.4%	22.5%	14.3%	9.1%	7.8%	5.5%	2.4%	3%

우리나라는 2009년만 하더라도 석탄·LNG·유류의 화석연료를 사용한 화력발전이 62.6%로 다수였고, 원자력 34.1%, 신재생 1.1%, 양수(수력) 0.7%, 기타 1.5%의 순이었다. 그러다 석탄과 유

류가 완만하게 줄고 LNG가 꾸준히 늘며 2023년 화석연료 발전량은 58.5%로 감소한 반면, 원자력 30.7%, 신재생 9.6%, 양수(수력) 0.6%, 기타 0.5%로 약 15년 동안 재생에너지가 중단 없는 성장을 거듭했다.

우리나라 에너지원별 발전량 비중 현황 (단위: %)

연도	계	원자력	석탄	LNG	신재생	유류	양수	기타
2009	100.0	34.1	44.7	15.0	1.1	2.9	0.7	1.5
2010	100.0	31.3	41.8	20.3	1.7	2.5	0.6	1.9
2011	100.0	31.1	40.2	20.8	2.5	2.1	0.7	2.7
2012	100.0	29.5	39.1	22.3	2.5	2.9	0.7	2.9
2013	100.0	26.8	38.9	24.7	2.8	2.9	0.8	3.1
2014	100.0	30.0	39.0	21.5	3.3	1.5	1.0	3.7
2015	100.0	31.2	39.3	19.1	3.7	1.8	0.7	4.3
2016	100.0	30.0	39.6	22.4	4.8	2.6	0.7	-
2017	100.0	26.8	43.1	22.8	5.6	1.0	0.8	-
2018	100.0	23.4	41.9	26.8	6.2	1.0	0.7	0.0
2019	100.0	25.9	40.4	25.6	6.5	0.6	0.6	0.4
2020	100.0	29.0	35.6	26.4	6.6	0.4	0.6	1.4
2021	100.0	27.4	34.3	29.2	7.5	0.4	0.6	0.6
2022	100.0	29.6	32.5	27.5	8.9	0.3	0.6	0.5
2023	100.0	30.7	31.4	26.8	9.6	0.3	0.6	0.5

이렇게 세계와 우리나라의 에너지원별 발전량을 보면 재생에너지의 비중이 점차 늘고 있음을 확인할 수 있다.

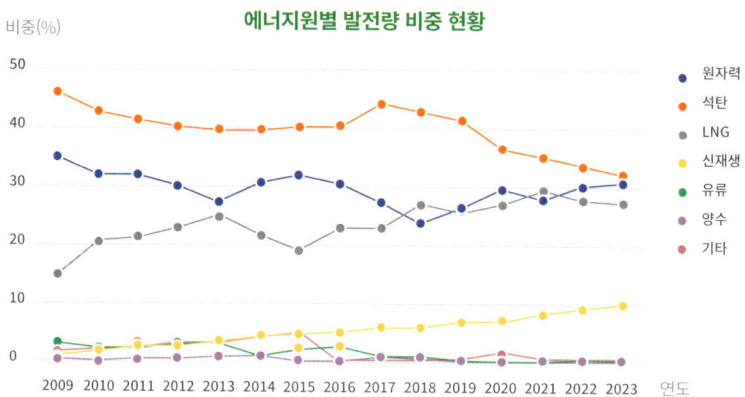

| 늘어나는 전력 수요, 태양광으로 채운다

앞서 소개한 바와 같이 화석연료를 사용하지 않는 전기차가 증가하고 AI·빅데이터 등의 처리를 감당할 데이터센터의 투자와 건설이 늘어나면서 전력 수요 성장세가 가속화될 전망이며, 각 나라와 기업은 늘어나는 전력 수요를 충족하기 위해 노력하고 있다. 미국 연방정부와 각 주정부는 데이터센터를 포함한 전력 수요 증가량을 충족하기 위해 새로운 투자가 시급함을 인식하고 대책을 마련하고 있다. 일부 데이터센터 제공업체는 자체 전력 시설을 구축하고 있다. 데이터센터와 5G 네트워크가 전력 수요의 원천으로 성장하는 중국에서는 텐센트가 자신들의 텐진 클라우드 데이터센터에 10MW의 옥상 태양광 발전시설과 배터리 저장장치를 설치했다. 데이터센터에 전기를 공급하는 수단으로 태양광뿐만 아니라 SMR, 수소, 연료전지, 탄소 포집 및 저장(CCS) 등 다양한 기후테크 기술 개발에 투자가 확대되어 관련 산업은 더욱 성장할 것이다. 에너지저장장치(ESS) 설치량도 지속해서 증가하고 있다.

전력 사용자외 민간 발전사가 전력을 사고파는 계약을 PPA(Power Purchase Agreement)라고 한다. 우리나라는 2021년 4월「전기사업법」에 재생에너지전기공급사업이 신설되고 같은 해 10월「전기사업법 시행령」이 개정되어 전력 생산자와 사용자 간 직접 거래가 허용된 바 있다. 전 세계 PPA 계약에서 가장 중요한 시장은 태양광과 풍력으로, 그중 미국 PPA 시장에서 태양광 점유율은 압도적이다. 이렇게 PPA 계약을 체결하는 전력 수요자 중에는 주요 빅테크 기업이 재생에너지 전력을 가장 많이 구매하고 있다. 이들 기업의 중장기 전력 조달 계획에서도 태양광·풍력 등 재생에너지가 가장 중요한 역할을 할 것이다.

  이렇게 전력 시장에서 태양광의 수요가 늘어나는 이유는 무엇인가. 태양광발전은 어떤 특징이 있으며 어떤 장점이 있는가? 이제부터 기후변화에 대응하는 세계 각국의 정책과 노력을 좀 더 구체적으로 살펴보고, 그 노력의 중심에서 중요한 역할을 맡고 있는 태양광 에너지의 특성에 대해 자세히 알아보기로 한다.

1장
에너지 위기와 도전

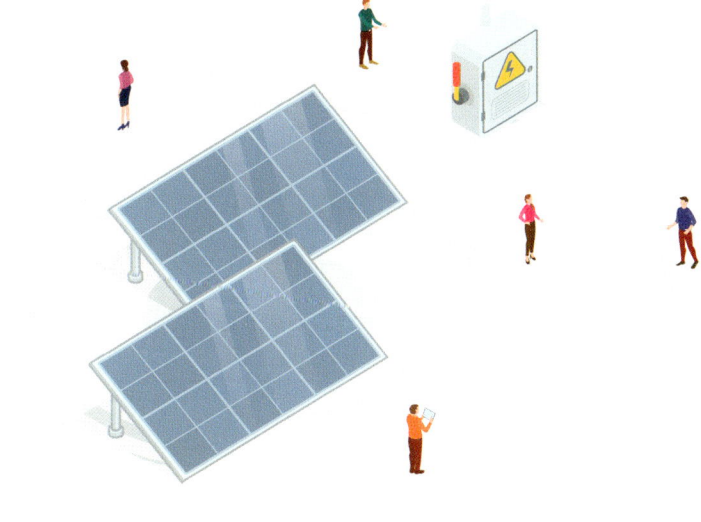

2장

태양광 에너지의 부상

08 지구 운명의 해, 2050년

| 파리협정, 기후변화 대응에 전 세계가 나서다

1997년 교토의정서 채택으로 전 세계는 단순한 환경보호를 넘어 인류에 실질적인 위협으로 다가오는 기후변화에 대응하기 시작했다. 그 후 2015년 교토의정서보다 한발 더 나아간 파리협정이 등장했다.

파리협정은 전 세계가 지구온난화와 기후변화 문제에 대응하기 위해 채택한 역사적인 국제 합의다. 이 협정은 2015년 12월 12일 프랑스 파리에서 열린 제21차 유엔기후변화협약 당사국 총회(COP21)에서 발표되었고 2016년 4월 22일 174개국과 유럽연합이 서명해 기후변화 대응을 위한 새로운 국제 체계를 마련한 중요한 이정표로 평가받고 있다.

• 2015년 12월 COP21에서의 파리협정 발표

파리협정이 채택되기까지는 오랜 협상의 과정이 있었다. 앞서 1997년 교토의정서는 선진국만을 대상으로 했지만, 파리협정은 모든 국가가 온실가스 감축에 동참하도록 유도하는 포괄적인 틀을 지향했다. 이 협정은 2011년 남아프리카공화국 더반에서 모든 국가가 참여하는 새로운 기후 체제를 수립하기로 합의한 이후 약 4년간의 논의와 조율 끝에 채택되었다. COP21에서는 선진국과 개발도상국 간의 책임 분담과 재정 지원 문제를 둘러싼 진통이 있었지만, 최종적으로 모든 당사국의 만장일치로 협정이 채택되었다.

파리협정의 주요 내용은 다음과 같다.

첫째, 지구 평균기온 상승 폭을 산업화 이전 수준보다 2℃ 이하로 유지하며, 가능하면 1.5℃ 이하로 제한하기 위해 노력할 것을 목표로 설정했다. 이는 기후변화에 취약한 나라를 보호하고 피해를 최소화하기 위해 제안된 중요한 목표다.

둘째, 국가별 자발적 감축 목표인 NDC(Nationally Determined Contributions)를 통해 각국이 자율적으로 온실가스 감축 계획을 수립하고 이를 5년마다 갱신하며 점진적으로 상향 조정하도록 요구했다. 이는 기존의 일괄적 접근 방식에서 벗어나, 각 나라의 경제 상황과 역량을 유연하게 반영하는 시스템을 도입한 것이다.

셋째, 개발도상국의 기후 적응을 돕고 기후변화에 취약한 나라를 지원하기 위한 재정 지원 방안도 협정에 포함되었다.

넷째, 투명성과 이행 점검 체계를 도입해 각국의 감축 활동과 이행 상황을 정기적으로 검토하고 국제적으로 검증하는 시스템을 마련했다. 이를 통해 협정의 실효성을 높이고 신뢰를 구축하려는 노력이 담겼다. 끝으로 기후변화로 인해 이미 발생한 손실과 피해에 대한 인식을 강화하며, 기후변화에 취약한 나라를 지원하기 위한 별도의 메커니즘을 구축했다.

파리협정은 선진국뿐만 아니라 모든 나라가 자발적으로 동참하는 기반을 마련한 첫 번째 국제적 합의라는 점에서 역사적 의

의가 있다. 전 세계 196개국 중 185개국이 스스로 온실가스 감축 목표를 정하는 NDC를 제출했다는 사실이 매우 큰 성과였다. 또한 온실가스 감축에만 그치지 않고, 지속 가능한 발전과 기후 회복력 증진을 목표로 하고 있다.

2050년 탄소중립 달성을 향해

파리협정 채택 이후 2050년 탄소중립(Net-Zero) 달성을 위해 미국·유럽·중국을 비롯한 주요 선진국들은 다양한 정책을 도입하고 실행해 왔다. 이들 국가는 각기 다른 경제적, 기술적 조건 속에서도 공통적으로 재생에너지 확대, 산업 전환, 교통 부문 탈탄소화, 탄소배출권 거래제 도입 등을 통해 기후변화 대응에 나서고 있다.

먼저 미국은 2050년 탄소중립 목표를 선언하고 기후 변화 대응에 박차를 가하고 있다. 2030년까지 2005년보다 온실가스 배출량을 50~52% 감축하겠다는 NDC를 발표했으며, 이를 위해 2022년 제정된 인플레이션감축법(IRA)을 통해 청정에너지와 전기차 보급을 위한 약 3,690억 달러 규모의 투자 계획을 실행하고 있다. 재생에너지 확대와 관련해서는 2035년까지 전력 부문 100% 청정에너지 전환을 목표로 하고 있으며, 대규모 풍력발전 프로젝트와 원자력발전소 개발을 추진하고 있다. 교통 부문에서도 전기차 전환을 적극적으로 추진하며, 2030년까지 신차 판매의 절반 이상을 전기차로 전환하고 충전 인프라를 전국적으로 확충할 계획이다. 다만 2025년 1월 취임한 트럼프 대통령은 과거 1기(2017~2021년) 때 그랬듯 파리협정을 재탈퇴하고 인플레이션감축법(IRA)의 미집행 자금을 회수하겠다고 밝혔다. 이는 전임 바이든 행정부와는 상반된 흐름으로 미국과 전 세계 기후변화 대응 노력에 영향을 미칠 것으로 보인다.

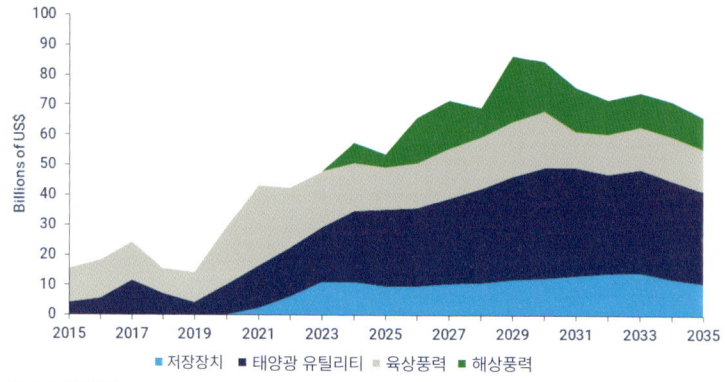

- 인플레이션감축법(IRA)에 따른 미국의 재생에너지 종류별 투자 예상도

유럽연합은 2019년 발표한 유럽 그린 딜(European Green Deal)을 중심으로 기후변화 대응을 선도하고 있다. 2050년 탄소중립을 최종 목표로 하고, 2030년까지 온실가스 배출량을 1990년보다 최소 55% 감축하는 중간 목표를 설정했다. 유럽연합은 이를 실행하기 위해 2021년 발표한 'Fit for 55' 패키지에서 구체적인 실행 방안을 제시했으며, 재생에너지 비중을 2030년까지 40% 이상으로 확대하고 내연기관 차량 판매를 2035년부터 금지하기로 했다. 이와 함께 탄소국경조정메커니즘(CBAM)을 도입해 탄소 배출이 많은 수입품에 관세를 부과하며 글로벌 탄소중립 노력에도 영향을 미치고 있다. 산업과 교통 분야에서는 철강·시멘트 등 고탄소 산업의 구조 전환을 촉진하고 대중교통과 철도를 활성화하며 항공·해운 부문의 탈탄소화도 추진하고 있다.

여전히 전력 수요가 늘고 있고 화력발전 비중이 큰 중국은 2060년 탄소중립 목표를 제시하며, 2030년까지 탄소 배출 정점을 찍겠다는 계획을 밝혔다. 제14차 5개년 계획(2021~2025년)에서 재생에너지 비중 확대와 에너지 효율 개선을 중점 과제로 삼았으며, 세계 최대 규모의 태양광과 풍력발전 설비를 구축하며 재생에너지 개발에 앞장서고 있다. 또한 2021년 전국 단위 탄소배출권 거래제(ETS: Emission Trading System)를 시행해 전력·철강·화학 등 주요 산업의 탄소 배출을 규제하고 있다. 교통 분야에서는 플러그인 하이브리드(PHEV), 배터리 전기차(BEV), 수소전기차(FCEV)를 포함하는 신에너지차(NEV)의 보급 확대를 목표로 삼았다. 2035년까지 자동차 판매의 절반 이상을 신에너지차가 차지하도록 전환하며 전기차 충전 인프라도 대대적으로 구축하고 있다.

• 중국 신장위구르자치구 하미지구의 대형 태양광 발전소

2008년 '저탄소 녹색성장'을 주창하고 2009년 대통령 직속 녹색성장위원회(現 2050 탄소중립녹색성장위원회)를 설치한 우리나라는 2020년 12월 2050 탄소중립 추진전략을 발표하고 2021년 9월 「기후위기 대응을 위한 탄소중립·녹색성장 기본법」을

제정해 2022년 3월부터 시행했다. 이 법은 탄소중립 사회 전환의 법적 기반과 관련 정책 추진의 근거가 되고 있다. 2021년 10월에는 2030년까지 온실가스 배출량을 2018년보다 40% 감축하는 것을 국가온실가스감축목표(NDC)에 반영했다. 정부는 원자력발전 확대와 재생에너지를 합리적으로 도입해 에너지 믹스를 재편하고 있으며, 산업별 공정 전환과 순환경제 활성화로 저탄소 산업구조 전환을 추진하고 있다. 이밖에 건물 에너지 효율 기준 강화, 무공해차 보급 확대, 친환경 농축수산업 추진, 탄소흡수원 가치 발굴 등을 통해 국토의 저탄소화를 추진하고 있다.

  우리나라를 포함한 선진국은 각자의 방식으로 탈탄소화를 추진하며, 공통적으로 재생에너지 기술 개발, 전기차 보급 확대, 산업 전환, 탄소 포집 기술(CCS) 개발 등 핵심 분야에 주력하고 있다. 이러한 노력은 기후변화 문제를 해결하고 미래 에너지 체계의 전환에 필요한 기술적, 경제적 혁신을 함께 이루고자 하는 데에 초점이 맞춰져 있다.

2050 서울시 기후행동계획

　기후변화 대응은 국가에서뿐만 아니라 지방자치단체에서도 실행하고 있다. 서울특별시는 2009년 도시기후리더십그룹(C40) 세계도시 기후정상회의를 개최해 서울선언문을 채택했다. 이어 2017년 11월 발표한 '태양광 확산 5개년 종합계획'은 '2022년 태양의 도시, 서울'을 슬로건으로 2022년까지 원자력발전소 1기에 해당하는 1GW를 100만 가구에 태양광 미니발전소 형태로 보급하는 것을 목표로 태양광 보급을 확대하고자 7대 과제와 59개 세부 사업을 추진했다.

• 주택형 태양광 미니발전소

2020년 12월에는 파리협정의 1.5°C 온도 상승 제한 목표에 발맞춰 2050년 탄소중립도시로 나아가기 위해 '2050 온실가스 감축 추진 계획'을 발표했다. 온실가스 배출의 94%를 차지하는 건물·수송·폐기물로 인한 배출을 선제적으로 줄이고 온실가스 흡수를 위해 도시숲을 넓히며 재생에너지 전환을 가속화할 계획이었다.

이어 2021년에는 2050 서울시 기후행동계획(CAP)을 수립하고 2022년 서울시 기후변화대응종합계획(2022~2026), 2024년 서울시 탄소중립·녹색성장 기본계획(2024~2033)을 차례로 발표해 2033년까지 2005년보다 약 50%의 온실가스를 감축한다는 목표를 설정했다.

2050 서울시 기후행동계획은 2050년까지 탄소중립을 달성하기 위해 건물·수송·폐기물·에너지·숲의 5개 분야 정책 목표를 설정하고 구체적인 실행 방안을 마련했다. 이 중 에너지공급 분야의 재생에너지 확대 계획을 살펴보면, 서울특별시는 시민 참여를 기반으로 재생에너지 보급사업을 추진하고 있으며 2020년 기준으로 태양광 305.3MW, 연료전지 141.7MW를 보급안 바 있다. 시울의 특성을 고려해 태양광·수소연료전지를 중심으로 재생에너지 보급을 늘려 2050년까지 태양광 설비를 5GW로 확대할 계획이다.

서울시 태양광 및 연료전지 보급 용량 (단위: MW, 누적)

구분	2011년	2013년	2015년	2017년	2019년	2020년
태양광	22.6	51.5	91.7	150.7	250.1	305.3
연료전지	2.6	4.9	46.2	134.4	135.1	141.7

서울특별시는 2023년부터 대형 신축건물의 제로에너지건축물(ZEB) 인증을 의무화하고, 건축면적에 비례한 태양광 설치 의무량을 부여해 건물에서 필요한 에너지량의 10% 이상을 태양광으로 자급하도록 하고, 연차별로 적용 대상 규모와 설치 의무량을 확대할 계획이다. 태양광 보급을 위한 지원사업도 확대하고 있다. 태양광 설치 보조금 지원 대상을 옥상·지붕에서 지상·벽면 등 모든 공간으로 확대하고, 건물일체형태양광(BIPV)에도 민간보조금 지원을 통해 투자를 확대했다. 건물일체형태양광은 태양전지를 건물 외장재로 사용한 시스템으로, 창호·외벽·지붕 등 건물의 다양한 공간에 설치할 수 있어 태양광 보급과 도시 미관 개선에 효과적일 것으로 기대된다. 또한 시민으로 구성된 '태양광탐사대'를 운영해 태양광발전소를 설치할 수 있는 부지를 적극 발굴하고 있으며, 도시기반시설과 전통시장 등 공공부지를 활용해 태양광 설비를 설치할 계획이다. 태양광 신기술 실증단지를 조성하고, 서울형 햇빛발전 지원제도(FIT)의 대상을 발전용에서 자가소비용까지 확대했다. 이밖에 태양광 보급이 확산됨에 따라 태양광 폐패널도

늘어날 것을 대비해 태양광 시설을 설치하고 폐패널이 발생할 때의 처리 안내를 강화할 계획이다.

　이렇게 서울특별시는 도시 내 태양광과 연료전지 보급을 확대해 재생에너지 생산을 늘리고 에너지 자립도를 높이며, 온실가스 배출을 감축해 기후변화에 대응하고 있다. 선진국과 지방자치단체가 이렇게 태양광 보급 확대에 주력하는 것은 그만큼 태양광발전의 경제성과 효율성이 과거보다 향상하고 있기 때문이다. 이제부터는 태양광발전의 효용에 대해 알아보자.

09 고효율 친환경 에너지, 태양광발전

| 점차 향상되는 태양광발전의 에너지 효율

 친환경 에너지인 태양광발전이 전 세계적으로 확산되면서 태양광을 전기로 변환하는 태양광 패널의 수요도 급증하고 있다. 국제에너지기구(IEA)는 「재생에너지 2024」 보고서에서 지금부터 2030년까지 추가되는 태양광발전 용량은 전 세계 재생에너지 성장의 80%를 차지할 것으로 예측했다. 또 앞에서 언급한 바와 같이 영국의 에너지 싱크탱크인 엠버(Ember)는 태양광이 2023년까지 19년 연속 가장 빠르게 성장하는 전력 공급원이라고 분석했다.

 이렇게 태양광 패널 수요가 증가하는 원인은 탄소중립이라는 당위성만으로는 설명할 수 없다. 전문가들은 태양광발전 비용이 저렴해지고 태양 에너지 변환의 효율이 높아졌기 때문이라고 보고 있다.

 석탄·석유·천연가스를 이용한 화력발전은 연료를 연소해 발생한 열에너지로 터빈을 돌려 전기를 생산하며, 에너지 효율은 약 35~45%이다. 원자력발전은 핵분열 반응을 일으켜 발생한 열에너지로 터빈을 돌려 전기를 생산하며, 열효율은 30~35%로 화력발전보다 다소 낮다. 이는 원자로의 안전성 확보를 위해 냉각재

온도를 상대적으로 낮게 유지하기 때문이다.

한편 태양광 패널의 에너지 효율은 패널이 태양광을 받아 얼마나 많은 전기를 생성할 수 있는지를 나타내는 비율이다. 1954년 미국의 벨 연구소가 실리콘 기반의 태양전지를 개발하고 인공위성 전력원으로 태양전지가 도입되었던 초기의 태양광발전은 에너지 효율이 약 5~6%에 불과했다. 그러나 기술이 발전하면서 태양광의 에너지 효율이 계속 개선되어 오늘날 상업용 태양광 패널의 에너지 효율은 최고 24.8%까지 향상되었다. 이는 패널에 도달한 태양 에너지의 24.8%가 전기로 변환된다는 뜻이다.

태양광발전 효율 개선은 계속된다

태양광 패널의 에너지 효율 향상은 지금도 계속되고 있다. 이는 태양광발전의 경쟁력을 높이고 널리 확산하는 데 이바지하고 있다. 가장 주목받는 기술 중 하나는 다중 접합 태양전지(Multi-Junction Solar Cells)다. 이는 서로 다른 물질로 이루어진 여러 반도체를 겹쳐 태양광의 다양한 파장을 효율적으로 흡수하고 단일 접합 태양전지보다 높은 효율을 달성할 수 있다. 현재까지 쇠고 효율 기록은 44.7%로 기록되었으나, 고가의 원재료로 인해 제조 단가가 비싸고 생산공정이 복잡해 주로 우주산업처럼 고효율이 필요한 특수 분야에서 사용되고 있다. 상용화를 위해 제조 단가 절감과 공정 단순화, 그리고 각 층 간의 결함을 줄여야 하는 과제가 있다.

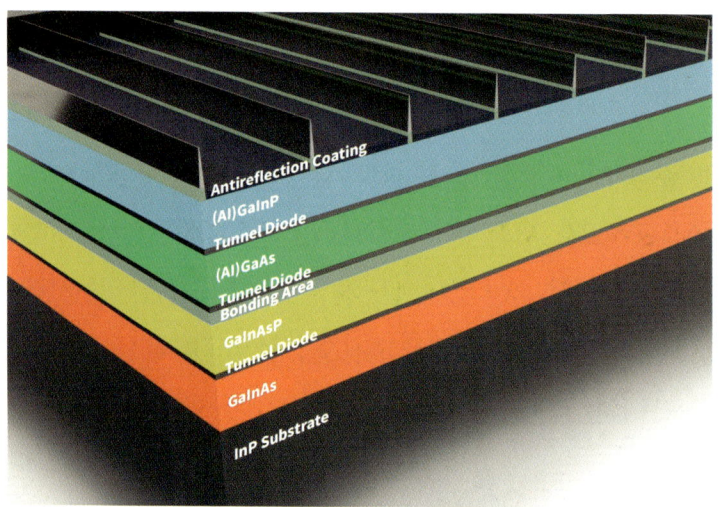

• 다중 접합 태양전지

　탠덤 태양전지(Tandem Solar Cells)는 서로 다른 소재의 반도체를 두 개 이상 결합해 다양한 파장의 태양광을 효율적으로 흡수한다. 뒤에서 설명할 페로브스카이트(perovskite)와 실리콘을 조합한 탠덤 태양전지가 주목받고 있다. 스위스 로잔 연방 공과대학교와 CSEM 공동 연구팀은 2022년 페로브스카이트-실리콘 2단자 탠덤 태양전지에서 31.3%의 효율을 달성했다. 기존 실리콘 기반 산업과의 호환성도 장점이다. 다만 상용화를 위해서는 두 가지

셀 사이의 호환성과 내구성, 생산비용 등의 과제를 해결해야 한다.

양면 태양전지(Bifacial Solar Panels)도 있다. 패널의 양면에서 빛을 흡수해 발전하는 기술로, 지표면이나 주변 구조물에서 반사되는 빛을 활용해 단면 태양전지보다 최대 30% 이상의 추가 발전량을 기대할 수 있다. 같은 면적에서 더 많은 전력을 생산해 발전 효율이 높지만, 반사율이 낮은 지역에서는 효율이 떨어질 수 있고 양면 설계로 인해 초기 설치 비용이 단면 패널보다 높을 수 있다.

• 양면 태양전지

이외에 태양전지 표면에 빛 반사 방지 코팅(Anti-Reflection Coating)을 적용하거나 나노구조 설계로 빛의 흡수율을 높이는 방식이 있다. 기존 실리콘 태양전지에 갈륨아세나이드(GaAs)와 같은 고효율 신소재를 사용해 고효율이 필요한 산업용이나 군사용으로 활용하기도 한다.

차세대 태양광 패널 소재, 페로브스카이트

최근 높은 에너지 효율로 패널의 핵심 소재로 주목받는 페로브스카이트를 사용해 태양광 패널의 활용도와 수명을 획기적으로 늘려줄 것으로 기대되는 혁신 기술이 국내외에서 등장했다.

• 페로브스카이트를 사용한 태양광 패널

옥스퍼드 대학교 연구진은 페로브스카이트를 자동차·스마트폰·배낭 등 생활용품의 표면에 직접 인쇄할 수 있을 정도로 얇게 만들 수 있는 새로운 '다중 접합' 기술을 개발했다. 현재 태양광 패널에 광범위하게 사용되는 실리콘 웨이퍼보다 태양광 에너지 흡수 면에서 훨씬 더 효율이 높은 페로브스카이트를 이용한 코팅을 실현한 것이다.

2024년 이 연구 결과를 소개한 「포천(Fortune)」에 따르면 옥스퍼드 대학교 연구진은 두께가 1미크론(0.001mm)에 불과한 이 코팅이 이미 27% 이상의 전력 변환 효율을 내는 것으로 인증을 받았다고 밝혔다. 이는 실리콘 웨이퍼보다 5% 더 높은 효율이자 초박형 태양광 소재에 관한 다른 연구에서 달성한 효율을 능가하는 수준이라고 한다.

CNN에 따르면 페로브스카이트 코팅은 사람의 머리카락보다 100배, 기존 태양광 패널에 사용되는 실리콘 웨이퍼보다 150배 얇고 부드럽다. 따라서 기존 물체에 쉽게 적용할 수 있으며, 작업을 수행하는 데 많은 전용 공간이 필요하지 않은 등 여러 가지 장점이 있다. 예를 들어, 태양광 패널을 전체 면적에 모두 설치할 필요 없이 여러 작은 표면에 분산하여 사용할 수 있다. 다만 이것은 태양광발전소를 대체하는 것이 아니라 태양광발전소를 보조하는 수단이라는 게 CNN의 설명이다.

페로브스카이트 코팅 기술이 발전한다면, 자동차나 건물 지붕, 심지어 스마트폰 뒷면과 같이 다양한 유형의 표면에 적용되어 저렴한 태양광 발전을 하는 모습을 상상할 수 있다. 이런 방식으로 더 많은 태양 에너지를 전력으로 생산할 수 있다면 장기적으로 실리콘 패널을 사용하거나 더 넓은 면적의 태양광발전소를 건설하지 않더라도 더 많은 곳에서 태양광을 활용해 전력을 생산할 수 있을 것이다.

페로브스카이트는 에너지 변환 효율은 높지만 실리콘보다는 견고하지 않아 습기·산소·빛에 노출되면 시간이 지나면서 성능이 저하될 수 있다는 문제점이 있다. 2024년 일본 캐논은 페로브스카이트 태양전지의 수명을 두 배로 늘릴 수 있는 보호 소재 기술을 개발했다. 이 소재는 반도체 특성이 있어 에너지 효율에 영향을 미치지 않으면서 페로브스카이트가 약한 습기와 열에 노출되었을 때 열화된 층을 보호하는 데 사용되어 태양전지 수명을 20~30년 늘려줄 수 있다고 한다.

2024년 고려대학교 KU-KIST 융합대학원과 한국화학연구원 연구진은 페로브스카이트를 고체 필름으로 만드는 과정에서 발생하는 변형 응력 현상을 해결하고자 용매와 반용매 혼합물의 비율을 조절해 상부 50mm의 결함층을 제거했다. 이 공정으로 제조한 페로브스카이트 태양전지는 표면 형태와 광 흡수 특성을 효과적으로 유지하고 에너지 효율 25.5%로 한국에너지기술연구원의 공식 인증을 받았다.

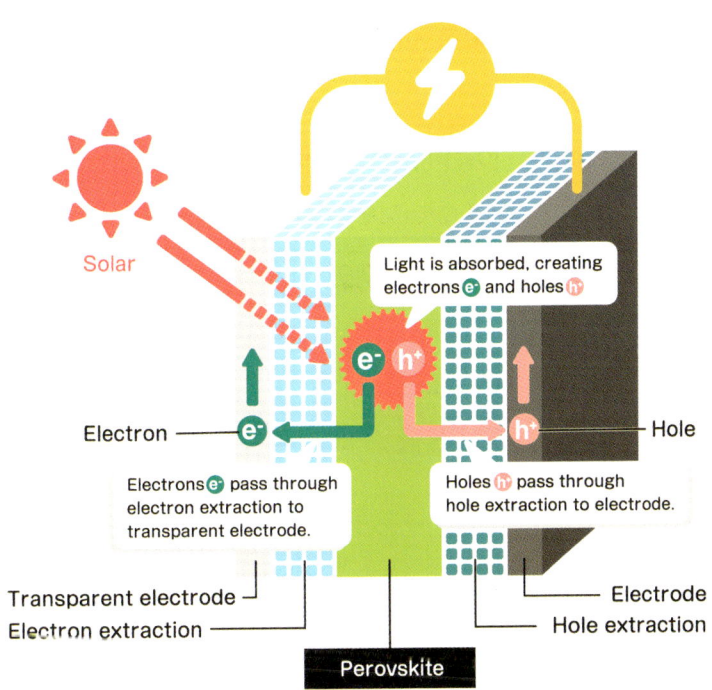

• 페로브스카이트 태양전지의 메커니즘

같은 해 KAIST 전기및전자공학부와 연세대 화학과 연구진도 가시광선 영역뿐만 아니라 근적외선 영역의 태양광까지 흡수해 페로브스카이트 태양전지의 하이브리드 소자 전력 변환 효율을 기존 20.4%에서 24.0%로 높인 제작 기술을 개발했다.

이렇게 페로브스카이트는 높은 효율과 낮은 생산비용으로 태양광발전이 새롭게 도약할 잠재력을 키우고 있다. 일부 납 성분을 대체할 친환경 소재를 개발하고 있고, 대규모 제조 과정에서 효율과 안정성을 유지하기 위한 혁신이 더해진다면 앞으로 태양광발전의 경쟁력이 더욱 강화되어 재생에너지 보급 확대와 기후변화 대응에 중요한 역할을 할 것으로 전망된다.

2장
태양광 에너지의 부상

10 경제적인 이유만으로도 선택한다

│ 화석연료보다 저렴해진 재생에너지 발전 비용

　기후변화의 시대, 인류의 가장 중요한 목표는 온실가스 배출을 줄여 지구의 온도를 낮추는 것이다. 그리고 이를 위해서는 태양광·풍력 등 재생에너지로 전력을 생산하는 것이 가장 효과적이라 할 수 있다. 하지만 여전히 많은 나라들은 저렴한 가격으로 쉽게 구할 수 있어 적은 비용이 든다는 이유로 화석연료를 주된 에너지원으로 사용하고 있다. 재생에너지는 발전 비용 측면에서 화석연료보다 경쟁력이 떨어진다는 게 일반적인 인식이기도 하다.

　그러나 이러한 인식과 달리, 재생에너지의 발전 비용은 이미 화석연료와 경쟁할 만한 수준까지 도달했다. 앞에서 소개한 것처럼 효율성이 향상되었으며, 기술의 발전으로 원자재 가격이 하락했기 때문이다. 1970년 태양광 패널의 가격은 와트당 100달러였으나, 혁신적인 제조 공법이 개발된 1973년 와트당 20달러로 대폭 낮아졌다. 이후 2008년 와트당 6달러, 2013년 와트당 65센트에서 2020년 와트당 20센트 이하로 하락했다. 특히 2010년부터 2022년까지 태양광발전소의 전기 생산 비용은 89% 감소해 경쟁력이 높아졌다.

　「이코노미스트(The Economist)」는 1970년부터 2020년까

지 50년간 태양광발전 설비 생산이 20배 느는 동안 모듈 생산가격은 500분의 1로 낮아졌다는 분석을 낸 바 있다. 태양광 누적 생산량이 증가하면 비용이 감소하고 수요는 증가한다. 이렇게 되면 앞으로 발전단가는 현재 최저가의 절반 이하가 될 것으로 본다.

지역 간의 편차는 고려해야겠지만, 세계 평균으로 보면 오늘날 인류는 화석연료보다 더 낮은 비용으로 재생에너지 전력을 생산하는 단계로 접어들었다. 국제재생에너지기구(IRENA: International Renewable Energy Agency)에 따르면, 2023년 태양광발전의 전 세계 평균 균등화발전비용(전기 1kWh 생산에 필요한 비용. LCOE: Levelized Cost of Electricity)은 kWh당 4.4센트(약 62원), 육상풍력 3.3센트(약 46원), 해상풍력 7.5센트(약 105원)로, 모두 화석연료의 10센트(약 140원)보다 훨씬 낮았다. 이러한 가격 격차는 선진국을 중심으로 점점 벌어지고 있으며, 신규 설비일수록 더 강하게 나타나고 있다. 2023년 신규 가동된 전 세계 유틸리티 규모(통상 1MW급 이상 대규모 발전 설비) 재생에너지 발전 프로젝트의 약 81%인 382GW가 화석연료 평균 발전비용보다 낮은 비용으로 가동됐다. 국제재생에너지기구(IRENA)는 "2021년에서 2022년 사이에 화석연료 비용이 증가한 영향으로 태양광·풍력발전 경쟁력이 크게 강화"되었고, "2023년 다시 화석연료 가격이 낮아졌지만 이미 태양광·풍력발전은 의심의 여지가 없는 경쟁력을 확보했다"라고 평가했다.

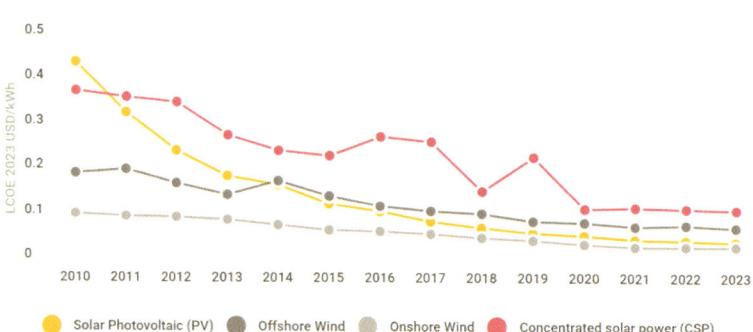

2010년부터 2023년까지 에너지원별 균등화발전비용(LCOE) 추세

낮은 설비가격이 재생에너지 경쟁력의 핵심

재생에너지 가격경쟁력 상승의 주된 요인으로 '설비가격 하락'이 꼽힌다. 태양광 패널이나 풍력발전기를 설치하는 비용이 석유 시추 설비나 가스 유전을 건설하는 비용보다 더 저렴해졌다는 뜻이다. 태양광 모듈, 풍력 터빈, 전기차 및 에너지 저장용 리튬이온 배터리의 설비가격을 통합 측정하는 청정에너지 설비가격 지수(CEEPI: Clean Energy Equipment Price Index)는 꾸준히 하락해 2021년 이후부터는 석유와 천연가스 추출에 드는 기업 자본 비용을 측정하는 석유·가스 설비가격 지수(UCCI: Upstream oil and gas Capital Costs Index)보다 낮은 수준을 유지하고 있다. 특히

2024년 2분기까지를 기준으로 최근 1년간 CEEPI는 약 17% 하락했다. 여기에는 태양광 모듈과 풍력 터빈의 가격이 급락한 것이 큰 영향을 미쳤다. 국제에너지기구(IEA)에 따르면 태양광 모듈 가격은 2021년 최고점과 비교하면 2023년 4분기까지 50% 이상 하락하고, 2024년 2분기까지 다시 20% 떨어졌다.

이런 경향은 장기 데이터를 보면 더욱 직관적으로 확인된다. 국제재생에너지기구(IRENA)에 따르면 2010~2023년 태양광 모듈 가격 하락과 설비 자동화 등의 영향으로 유틸리티 규모 태양광발전의 총 설치 비용이 86% 감소하면서 태양광발전의 균등화발전비용은 46센트에서 4.4센트로 약 90% 하락했다. 해상풍력발전도

• 재생에너지

같은 기간 총 설치 비용이 48% 감소하면서 균등화발전비용 역시 20센트에서 7.5센트로 약 63% 하락했다.

　에너지저장장치(ESS) 가격이 지속해서 떨어지는 것도 재생에너지 보급 확대에 긍정적인 요소다. 블룸버그 뉴에너지 파이낸스(BNEF)에 따르면 재생에너지 발전시설에 주로 사용되는 유틸리티급 배터리 기반 저장장치(BESS)의 균등화발전비용은 2010년 kWh당 2,511달러에서 2023년 273달러까지 하락했으며, 관련 기술이 계속 개발되고 있는 만큼 이 추세는 이어질 전망이다. 이에 따라 BESS의 보급도 2023년 89GW에서 2030년 782GW로 증가해 재생에너지 비중을 늘리는 데 중요한 역할을 할 것으로 기대되고 있다.

　재생에너지 보급의 큰 걸림돌로 꼽히던 요소들이 빠르게 경쟁력을 획득해 화석연료와 경쟁하고 있는 만큼, 앞으로 재생에너지는 더욱 빠르게 확산될 것이다. 2024년 10월 국제에너지기구(IEA)는 「재생에너지 2024」 보고서에서 2030년까지 전 세계 재생에너지 설비용량이 2.7배 증가할 것으로 전망했다. 또한 전력 부문에서 태양광·풍력 등 재생에너지의 점유율은 2023년 30%에서 2030년 46%로 확대될 것으로 예측했다.

11 전 세계 에너지의 대세, 태양광발전

| 태양광으로 더 많은 전력을 더 많은 나라가 생산

앞서 1장 말미에서 태양광발전이 전 세계 발전량 가운데 그 비중을 꾸준히 늘려 2000년 0.2% 미만에서 2023년 5.5%까지 도달했음을 밝혔다. 그뿐만 아니라 태양광발전의 실제 발전량도 계속 증가해 왔다. 국제재생에너지기구(IRENA)가 2024년 7월 발간한「재생에너지 통계 2024」에 소개된 2014~2022년 전 세계 국가별 실제 발전량을 살펴보면, 태양광 발전량은 2014년 192,602GWh에서 2022년 1,294,481GWh로 약 6배 이상 증가했음을 알 수 있다. 아래 표를 통해 나라별로 보면 2022년 태양광발전 상위 10개 나라 중 중국이 2015년부터 급격히 증가하며 2022년 전 세계 태양광 전력의 33%를 생산했다. 또한 상위 10개국의 비중이 2014년에서 2022년으로 흘러갈수록 조금씩 낮아짐을 알 수 있는데, 이를 통해 태양광발전이 더 많은 나라로 확산하고 있음을 유추할 수 있다.

2022년 세계 태양광발전 상위 10개국의 발전량 추이 (단위: GWh, %)

구분	2014년	2015년	2016년	2017년	2018년	2019년	2020년	2021년	2022년
세계	192,602 (0.81%)	252,269 (1.04%)	324,797 (1.30%)	437,515 (1.70%)	560,036 (2.10%)	689,902 (2.56%)	835,685 (3.12%)	1,030,571 (3.62%)	1,294,481 (4.49%)
중국	23,758 (0.42%)	39,987 (0.69%)	67,874 (1.11%)	118,267 (1.82%)	178,071 (2.50%)	224,542 (2.99%)	261,639 (3.36%)	327,551 (3.84%)	428,163 (4.93%)
미국	25,764 (0.63%)	35,635 (0.87%)	50,334 (1.23%)	70,980 (1.76%)	85,184 (2.04%)	97,478 (2.36%)	119,329 (2.99%)	151,323 (3.67%)	187,071 (4.48%)
일본	22,952 (2.28%)	34,802 (3.45%)	45,761 (4.48%)	55,068 (5.40%)	62,668 (6.14%)	69,381 (6.85%)	79,087 (8.18%)	86,080 (8.39%)	92,614 (9.39%)
인도	3,104 (0.24%)	5,984 (0.44%)	10,186 (0.72%)	18,135 (1.22%)	31,106 (1.99%)	43,933 (2.72%)	55,099 (3.54%)	66,238 (3.93%)	83,632 (4.54%)
독일	36,056 (5.87%)	38,726 (6.15%)	38,098 (5.87%)	39,401 (6.02%)	43,459 (6.77%)	44,383 (7.24%)	49,496 (8.62%)	50,472 (8.66%)	60,304 (10.49%)
호주	4,010 (1.62%)	5,023 (1.99%)	6,209 (2.40%)	8,071 (3.11%)	9,930 (3.80%)	14,848 (5.59%)	21,034 (7.92%)	27,717 (10.39%)	34,687 (12.79%)
스페인	13,672 (4.91%)	13,859 (4.93%)	13,643 (4.97%)	14,397 (5.22%)	12,744 (4.65%)	15,103 (5.50%)	20,667 (8.19%)	27,098 (10.04%)	35,764 (12.93%)
브라질	17 (0.003%)	63 (0.012%)	92 (0.017%)	841 (0.15%)	3,473 (0.62%)	6,666 (1.17%)	10,760 (1.92%)	16,764 (2.89%)	30,138 (5.09%)
대한민국	2,557 (0.49%)	3,975 (0.75%)	5,123 (0.95%)	7,057 (1.27%)	9,208 (1.61%)	12,996 (2.31%)	17,967 (3.25%)	23,394 (4.10%)	28,919 (5.01%)
이탈리아	22,319 (7.97%)	22,955 (8.09%)	22,117 (7.64%)	24,390 (8.25%)	22,666 (7.82%)	23,701 (8.05%)	24,954 (9.09%)	25,051 (8.71%)	28,134 (9.93%)
10개국 합계	154,209 (1.06%)	201,009 (1.36%)	259,437 (1.71%)	356,607 (2.28%)	458,509 (2.78%)	553,031 (3.28%)	660,032 (3.94%)	801,688 (4.47%)	1,009,426 (5.52%)
10개국 비중	80.07%	79.68%	79.88%	81.51%	81.87%	80.16%	78.98%	77.79%	77.98%

※ 각국의 비중(%)은 국가별 전력 발전량 대비 태양광 발전량 비중

한편 국제재생에너지기구(IRENA)는 다른 연구에서 2050년 태양광발전으로 생산되는 전력이 전 세계 에너지 생산량의 40%가 넘을 것으로 전망했다.

| 태양광발전, 글로벌 기업으로 스며들다

태양광발전은 국가 차원에서뿐만 아니라 기업에서도 지속 가능한 경영과 탄소 배출 감축을 위해 적극 도입하고 있다. 이는 기업의 사회적 책임을 다하고 장기적 비용 절감과 에너지 자립을 추구하는 전략으로 이어지고 있다.

태양광발전은 그 소비자의 종류에 따라 주거용과 상업용으로 구분할 수 있는데, 최근 상업용 태양광 시장의 규모가 급속도로 성장하고 있다. 상업용 태양광은 크게 온사이트(On-site)와 오프사이트(Off-site)로 구분할 수 있다. 온사이트 시스템은 직접 보유한 부동산과 건물 등에 태양광 모듈을 설치해 에너지를 얻는 방식이다. 이는 기업이 상당한 규모의 초기 자본을 투입하고 지속해서 유지 보수에 비용을 들여야 한다는 어려움이 있지만, 정부가 제공하는 각종 인센티브 혜택을 얻는 장점이 있다. 기존 상업용 태양광은 건물에 루프탑 형식의 태양광 모듈을 설치하는 온사이트 방식으로 투자하는 것이 일반적이었다.

반면 오프사이트 시스템은 직접 보유하지 않은 시설에서 발생하는 전력을 공급받는 방식으로, 계약을 체결해 전력을 공급받거나 다양한 곳에 있는 시설의 전력을 구매하는 방법이 있다. 이 방식은 기업이 직접 대규모 투자를 하지 않아도 친환경 목표를 달성할 수 있다.

최근 많은 기업이 태양광발전을 도입할 때 오프사이트 시스템을 적극 활용하고 있다. 본연의 사업에 역량을 집중하면서 동시에 친환경 에너지 목표를 달성하는 데 오프사이트 시스템이 적합하다고 판단한 것이다. 기업에서 사용하는 전력의 100%를 재생에너지로 대체하는 캠페인을 RE100(Renewable Energy 100)이라 하는데, 현재 이 캠페인에 참여하는 기업들이 오프사이트 시스템

• 애플의 비보르그 데이터 센터에 전력을 공급하는 덴마크 태양광 프로젝트

의 비중을 지속해서 늘리고 있다.

ICT 분야의 글로벌 기업인 구글·애플·메타·아마존은 오프사이트 시스템을 주력으로, 온사이트를 보조도구로 삼고 재생에너지 투자를 주도하고 있다.

2017년 이미 재생에너지 전력 100% 조달을 달성한 구글은 오프사이트 방식인 재생에너지 직접 구매와 재생에너지 요금제(Green Tariff)를 적극 활용했다. 재생에너지 요금제는 판매사업자의 중개를 거치는 방식으로 소비자가 직접 재생에너지 전력구매 요금제를 설계할 수 있어 능동적 거래 방식으로 평가받는다.

애플은 오는 2030년까지 모든 제품 생산과 공급망 관리(SCM: Supply Chain Management)에 이르는 영역에서 탄소중립 100% 구현을 선언했다. 애플의 2022년 그린 본드 지출 내역을 보면, 전 세계 44개 국가의 모든 사무실, 데이터센터, 스토어에 약 1.5GW의 재생 가능한 전기로 전력을 공급하고, 중국·일본에서 약 500MW 규모의 태양광·풍력발전에 직접 투자했다. 사업장에 태양광발전 설비를 설치해 전력을 자체 생산하는 것은 물론 전 세계 100개 이상의 협력업체도 재생에너지 전환에 함께하고 있다. 애플의 협력업체인 LG이노텍은 현장에서 태양광발전을 사용하고, 하이닉스는 국내 애플 제품 생산공정에 100% 재생에너지를 사용하고 있다.

기후변화시대 에너지 전환

• 애플의 탄소중립에 기여하는 오리건주 몬태규 풍력 발전 시설 프로젝트

앞서 1장의 말미에서 전력 사용자와 민간 발전사가 전력을 사고파는 계약인 PPA(Power Purchase Agreement)를 간략히 소개했다. 블룸버그 뉴에너지 파이낸스(BNEF)는 2020년 전 세계 기업이 23.7GW의 재생에너지를 PPA 방식으로 구매했다고 밝혔다. 이는 2019년 미국 전체 태양광 설치량인 11GW의 2배가 넘는 수치이다. 이중 아마존이 7.5GW, 메타가 5.9GW의 재생에너지를 구매했다. 아마존은 2030년까지 소비 전력의 100%를 재생에너지로 충당하기 위해 2020년 35건의 PPA 계약을 체결하고, 유럽 최대 규모의 물류센터 옥상에 태양광 패널을 설치하는 등 온사이트 시스템도 구축해 나갔다.

2022년 마이크로소프트는 2025년까지 데이터센터에 사용되는 전력의 100%를 재생에너지로 충당하겠다고 밝혔다. 그리고 2030년까지 탄소중립을 달성하고, 1975년 마이크로소프트가 창업한 이후 배출한 탄소들을 2050년까지 모두 제거하겠다며 태양광 등 재생에너지에 공격적으로 투자하고 있다.

마이크로소프트는 2023년 미국에서 한화큐셀과 2025년부터 8년간 12GW의 태양광 모듈을 공급받는 계약을 체결했다. 이는 미국에서 이뤄진 태양광 파트너십 중 역대 최대 규모의 모듈 계약이다. 매년 원전 1.5기 수준에 달하는 연간 1.5GW의 전력을 태양광발전소 투자로 공급받기로 한 것이다. 미국의 상업용 태양광 시장이 연간 1~2GW 수준임을 고려할 때 마이크로소프트는 미국의 연간 상업용 태양광 설치량과 맞먹는 엄청난 규모의 계약을 체결한 것이다.

| 태양광 전력 설비 투자 강화

배터리를 사용해 전력을 저장하고 필요한 때에 방출하는 시스템을 BESS(Battery Energy Storage System)라 한다. 미국 에너지관리청(EIA: Energy Information Administration)에 따르면, 미국에서 2024년 가동이 예정된 발전원 중 58%가 태양광, 23%가 BESS로 전체 유틸리티급 발전 설비의 81%가 태양광과 BESS에 집중되고 있다. 데이터센터 전력 수요 대응의 시작은 태양광이라 해도 과언이 아니다.

이러한 흐름은 미국만의 일이 아니다. 국제재생에너지기구(IRENA)에 따르면, 전 세계 전력설비 투자의 86%가 재생에너지에 집중되고 있으며, 이러한 추이는 해가 갈수록 강화되고 있다.

최근 발표된 빅테크 기업들의 태양광 PPA 계약을 보면 에너지저장장치(ESS)도 필수다. PPA가 늘어나면서 미국 ESS 시장도 2023년 26GWh, 2028년 약 60GWh로 향후 5년간 100% 이상 빠른 성장이 기대된다.

이렇게 전 세계 에너지 시장에서 태양광발전의 설비와 발전량 증가는 국가와 기업을 막론하고 하나의 흐름으로 자리 잡고 있다. 이는 기술의 발전과 정책적 지원, 설비의 효율 개선과 지속적인 비용 하락으로 효율성과 경제성이 향상되고 있기 때문이다. 글로벌 기업은 태양광발전 도입을 확대함으로써 탄소중립을 실현하고 지속 가능한 미래를 구축하는 데 앞장서고 있으며, 전 세계 에너지 전환과 기후변화 대응에 중요한 역할을 하고 있다.

2023년 전 세계 신규 발전설비 중 86%가 재생에너지

12 스마트그리드와 마이크로그리드

| 전력 수요와 공급의 양방향 관리, 스마트그리드

앞에서 소개한 여러 장점과 사례를 통해, 우리는 태양광발전이 기후변화에 대응하고 탄소중립을 달성하는 데 필요한 핵심 에너지원으로 자리 잡았음을 알 수 있다. 하지만 태양광발전은 일사량에 따라 발전량이 시시각각 변동하고, 날씨와 계절의 영향을 크게 받는다는 한계가 있다. 이러한 불안정성을 보완하지 못한 상태에서 태양광발전을 확대한다면 오히려 전력망의 안정성을 위협할 수 있다. 따라서 태양광발전을 지속해서 보급하려면 개별 가정이나 기업에 발전설비를 늘리는 데 머물지 말고 국가 또는 지역 차원의 안정적 전력 수급을 위해 지능형 전력망과의 관계를 고려해야 한다. 여기서는 태양광발전의 확산에 도움을 줄 스마트그리드(Smart Grid)와 마이크로그리드(Microgrid)에 대해 알아본다.

스마트그리드는 ICT 기술을 접목해 전력을 생산·수송·소비하는 과정을 지능적으로 관리하는 전력망을 의미한다. 기존 전력망이 발전소에서 소비자에게 전기를 일방적으로 전달하는 구조였다면, 스마트그리드는 공급자와 소비자가 동시에 참여하는 양방향 구조가 특징이다. 이를 통해 전력 수요와 공급을 실시간으로 최적화하고, 태양광·풍력 등 재생에너지의 변동성을 안정적으로 관리할 수 있다.

스마트그리드가 등장한 배경에는 여러 요인이 있다. 기존 전력망은 송·배전 과정에서 전력 손실이 크고, 피크 수요에 대응하는 예비 발전설비 운영에 큰 비용이 소요되는 구조적 한계가 있다. 또한 출력 변동성이 큰 태양광·풍력 등의 재생에너지가 확대되면서, 안정적 계통 운영을 위한 새로운 기술이 필요해졌다. 여기에 기후변화 대응과 탄소중립이라는 국제적 요구가 더해지고 ICT 기술이 발전하면서 스마트그리드의 필요성이 부각되고 확산할 수 있었다.

스마트그리드는 2000년대 전자식 계량기를 스마트미터로 전환하고 원격 검침과 기초 단계의 실시간 데이터 수집으로 시작됐다. 우리나라는 2009년 제주도 구좌읍에 세계적 수준의 스마트그리드 실증단지를 조성해 태양광과 풍력 등 재생에너지 자원을 전력망에 연계하고, 전기차 충전소와 에너지저장장치(ESS)를 함께 운영하면서 국가 차원의 미래형 전력 시스템을 실험했다. 이러한 경험을 토대로 2011년 「지능형전력망의 구축 및 이용촉진에 관한 법률」이 제정되어 스마트그리드의 전국적 확산 정책과 분산자원 관리체계 구축의 밑거름이 되었다. 또한 2009년 한국스마트그리드사업단이 출범해 주택 에너지 사용데이터를 실시간 수집·공유하는 에너지 AI 빅데이터 사업, 지능형 전력계량 시스템

AMI(Advanced Metering Infrastructure) 보급, 분산에너지 활성화 실증 사업 등을 추진하고 있다.

분산에너지 시스템, 마이크로그리드

한편 마이크로그리드는 특정 지역이나 시설 단위에서 독립적으로 운영될 수 있는 소규모 전력망을 말한다. 태양광·풍력·연료전지 등 분산형 전원과 에너지저장장치(ESS), 그리고 이를 통합 제어하는 에너지관리시스템(EMS)으로 구성된다. 평상시에는 상위 전력망과 연결되어 있지만, 필요할 때는 독립적인 운전이 가능해 재난 상황이나 정전에도 안정적인 전력 공급을 유지할 수 있다.

마이크로그리드는 2010년대부터 재생에너지, 에너지저장장치(ESS), ICT 기술을 융합해 기존 중앙집중식 전력망의 전력손실과 송배전망 건설·운영비용을 절감하는 수단으로 인식되기 시작했다. 마이크로그리드의 등장은 재생에너지 보급 확산, 에너지 안보 강화, 재난 대응력 제고, 그리고 지역 단위의 탄소중립 실현이라는 필요성에서 비롯되었다. 특히 중앙 전력망에만 의존할 때 발생할 수 있는 대규모 정전 위험을 줄이고, 지역에서 전력을 자급자족할 수 있다는 점에서 주목받고 있다.

우리나라는 도서 지역과 대학 캠퍼스를 중심으로 다양한 마이크로그리드 실증 사업을 진행했다. 국내 최초로 2014년 전남 진도군 가사도에 에너지관리시스템(EMS) 기반의 '에너지 자립 섬'을 준공해 실증한 이래로 인천 영종도, 전남 신안군 등에서도 재생에너지를 기반으로 한 독립형 전력망을 운영했다.

비슷한 시기인 2014년 충남 아산시 송악면 강장리에 32가구가 모여 조성된 예꽃재 마을(예술이 꽃피는 재미난 마을)은 국내에서 마이크로그리드를 적용한 대표적인 성공 사례다. 집집마다 태양광발전과 지열발전 설비를 설치하고 이중 단열과 에너지효율 등급이 높은 창호를 사용해 에너지자립률 74.5%를 달성했다. 신성이엔지의 기술 도움으로 각 가구의 전력 생산량과 소비량을 실시간 모니터링해 전력이 남는 가정과 모자라는 가정이 서로 전기를 자동 거래하고 모든 정보를 블록으로 만들어 저장하는 전기 쉐어링을 실현했다.

또한 2016년 설립된 신성이엔지 용인사업장은 국내 최초 재생에너지 기반 스마트공장으로 마이크로그리드를 산업현장에 적용한 모범사례다. 2만 8,000㎡ 부지에 630kW 규모의 태양광 발전설비와 1,000kWh 용량의 에너지저장장치(ESS)를 설치해 전체 공장 전력 소비의 40~48%를 자체 공급하고 있다. 신성이엔지는 용인사업장에 태양광발전 설비를 더 설치해 자가발전 비율을 높이고 PPA 등을 활용해 2050년 소비 전력의 100%를 재생에너지로 조달할 계획이다.

• 신성이엔지 용인사업장 마이크로그리드 시스템

스마트그리드와 마이크로그리드의 비교

구분	스마트그리드	마이크로그리드
정의	ICT 기반 지능형 국가 전력망	지역·시설 단위 독립 운영 전력망
운영 범위	국가·광역 단위	도서지역, 캠퍼스, 병원, 군사기지 등
주요 기술	스마트미터, 수요반응, VPP, AI 예측	태양광·풍력, ESS, EMS, 독립운전(Islanding)
주요 목적	전력망 효율화, 재생에너지 연계	에너지 자립, 재난 대응, 지역 탄소중립
국내 사례	제주 스마트그리드 실증단지	전남 진도군 가사도·인천 영종도 마이크로그리드

| 탄소중립 사회의 핵심 인프라

스마트그리드와 마이크로그리드는 각각의 차별성을 갖고 다른 목표를 지향하지만, 동시에 상호 보완적인 구조를 이룬다.

스마트그리드는 국가나 광역 차원에서 태양광발전과 연계해 전력망의 효율성과 안정성을 확보한다. 실시간으로 전력 수급 데이터를 수집하고 인공지능 기반 예측을 통해 발전량과 수요를 정밀하게 관리할 수 있고, 전력 수요 피크 시간대의 부하를 분산할 수 있다. 이는 태양광 발전량의 급격한 변화를 완화하고, 전체 전력망의 효율성을 높이는 데 이바지한다.

또한 마이크로그리드는 도서 지역이나 농촌 마을에서 태양광발전과 결합해 외부 전력망에 대한 의존도를 낮추고 자율성과 독립성을 강화할 수 있다. 대규모 정전 상황에서 중앙 전력망이 기능을 상실하더라도 지역 단위의 마이크로그리드가 태양광발전과 에너지저장장치(ESS)를 활용해 필수 시설에 전력을 공급할 수 있다.

특히 태양광발전은 그 특성상 단순히 발전소 설치를 늘리는 것만으로 확대되지 않고, 스마트 그리드의 핵심 구성 요소인 가상발전소(Virtual Power Plant)와 결합할 때 더 큰 가치를 창출한다. 여러 개의 태양광 발전소가 VPP 플랫폼에 통합되면, 마치 하나의 대규모 발전소처럼 운영되어 안정적으로 전력을 공급할 수 있다. 즉 태양광발전은 스마트그리드와 마이크로그리드라는 지능형 전력 인프라와 결합할 때 지속가능성을 확보하고 안정적으로 전력망에 편입뇌어 탄소중립 사회 핵심 인프라의 지위를 확고히 할 것이다. 이는 우리 사회가 지속 가능한 에너지 전환을 이루고, 미래 세대를 위한 새로운 에너지 문명을 창출하는 기반이 될 것이다.

3장
RE100과 CF100

13 RE100이란 무엇인가

│ 민간기업의 자발적 온실가스 감축 참여

지금까지 우리는 지구온난화와 기후변화에 대응하고 탄소중립을 달성하기 위해 전 세계 각국의 정부와 지방자치단체가 온실가스 감축을 실현하는 다양한 사례를 살펴보았다. 이러한 노력에는 정부와 지자체뿐만 아니라 민간기업의 자발적인 참여가 필수적이다. 그 대표적인 캠페인이 바로 RE100이다.

RE100은 재생에너지(Renewable Energy) 또는 재생에너지 전기(Renewable Electricity) 100%의 약자로, 기업이 사용하는 전력의 100%를 태양광·풍력 등 재생에너지로 조달하겠다는 목표를 가진 글로벌 캠페인이다. 이 캠페인은 탄소정보공개프로젝트(CDP: Carbon Disclosure Project)와 영국의 비영리 기구인 기후

그룹(The Climate Group)이 공동으로 주도해 2014년 네슬레·이케아 등 12개 기업이 가입하며 시작됐다. 이후 BMW·애플·구글·마이크로소프트 등 세계적인 기업들이 가입해 재생에너지 사용 확대를 선언했으며, 2025년 3월 현재 전 세계 24개국 443개 기업이 참여하고 있다. 이 중 상위 10개 나라에서 389개 기업이 가입해 87% 이상을 차지하고 있다. 그 업종도 제조·서비스·금융·운송 등 다양하다. 우리나라도 2020년 SK그룹 6개 계열사의 가입을 시작으로 현재 전체 회원의 10% 이내인 36개 기업이 가입했으며, 빠르면 2025년, 늦어도 2050년까지 전력 사용의 100%를 재생에너지로 전환하기 위해 탄소중립 활동에 매진하고 있다.

국가별 RE100 가입 기업 현황

순위	국가	기업 수	비율	순위	국가	기업 수	비율
1	미국	95	21.44%	13	덴마크	6	1.35%
2	일본	91	20.54%	13	스페인	6	1.35%
3	영국	50	11.29%	15	벨기에	4	0.90%
4	대만	36	8.13%	15	캐나다	4	0.90%
4	한국	36	8.13%	17	싱가포르	3	0.68%
6	독일	18	4.06%	17	스웨덴	3	0.68%
7	호주	17	3.84%	19	핀란드	2	0.45%
7	프랑스	17	3.84%	19	아일랜드	2	0.45%
9	인도	16	3.61%	19	노르웨이	2	0.45%
10	스위스	13	2.93%	22	멕시코	1	0.23%
11	네덜란드	11	2.48%	22	남아공	1	0.23%
12	중국	8	1.81%	22	튀르키예	1	0.23%

RE100에 참여하는 36개 한국 기업

기업	가입연도	목표연도	업종
SK머티리얼즈	2020	2050	소재산업
SKC	2020	2040	제조업
SK실트론	2020	2040	제조업
SK주식회사	2020	2040	서비스업
SK텔레콤	2020	2050	서비스업
SK하이닉스	2020	2050	제조업
고려아연	2021	2050	소재산업
롯데칠성음료	2021	2040	식음료업
미래에셋증권	2021	2025	서비스업
아모레퍼시픽	2021	2025	소재산업
SK아이이테크놀로지	2021	2030	제조업
LG에너지솔루션	2021	2030	제조업
KB금융그룹	2021	2040	서비스업
한국수자원공사(K-water)	2021	2050	서비스업
기아	2022	2040	제조업
네이버	2022	2040	서비스업
삼성디스플레이	2022	2050	제조업
삼성바이오로직스	2022	2050	헬스케어
삼성SDI	2022	2050	제조업
삼성전기	2022	2050	제조업
삼성전자	2022	2050	제조업
LG이노텍	2022	2030	제조업
인천국제공항	2022	2040	운송서비스업
KT	2022	2050	서비스업

현대모비스	2022	2040	제조업
현대위아	2022	2045	제조업
현대자동차	2022	2045	제조업
롯데웰푸드	2023	2040	식음료업
롯데케미칼	2023	2050	제조업
삼성생명보험	2023	2040	서비스업
삼성화재해상보험	2023	2040	서비스업
신한금융지주	2023	2040	서비스업
HD현대사이트솔루션	2023	2040	제조업
LS일렉트릭	2023	2040	제조업
LG전자	2023	2050	제조업
카카오	2023	2040	서비스업

RE100에 참여하는 주요 해외 기업

기업	가입연도	목표연도	업종
H&M	2014	2030	스웨덴
네슬레	2014	2025	스위스
이케아	2014	2025	네덜란드
BMW	2015	2050	독일
ING	2015	2020	네덜란드
P&G	2015	2030	미국
골드만삭스	2015	2021	미국
구글	2015	2017	미국
나이키	2015	2025	미국
마이크로소프트	2015	2014	미국
스타벅스	2015	2022	미국
어도비	2015	2025	미국
월마트	2015	2035	미국
존슨앤드존슨	2015	2025	미국
코카콜라 유럽파트너	2015	2030	영국
GM	2016	2035	미국
HP	2016	2025	미국
메타	2016	2020	미국
애플	2016	2021	미국
HSBC	2017	2030	영국
레고	2017	2021	덴마크
버버리	2017	2022	영국
시티	2017	2020	미국
이베이	2017	2025	미국
칼스버그	2017	2022	덴마크
필립스	2017	2020	네덜란드
비자	2018	2019	미국
소니	2018	2030	일본
알리안츠	2018	2023	독일

기업	가입연도	목표연도	국가
후지쓰	2018	2030	일본
3M	2019	2050	미국
뉴발란스	2019	2025	미국
델	2019	2040	미국
랄프 로렌	2019	2025	미국
로지텍	2019	2030	스위스
파나소닉	2019	2050	일본
TSMC	2020	2040	대만
마스터카드	2020	2021	미국
샤넬	2020	2025	영국
아메리칸익스프레스	2020	2025	미국
아사히	2020	2040	일본
아식스	2020	2050	일본
인텔	2020	2030	미국
펩시	2020	2040	미국
노바티스	2021	2025	스위스
니콘	2021	2030	일본
디스커버리	2021	2030	미국
딜로이트	2021	2030	영국
아수스	2021	2035	대만
에어비앤비	2021	2021	미국
에이서	2021	2035	대만
지멘스	2021	2030	독일
하이네켄	2021	2030	네덜란드
노키아	2022	2025	핀란드
도이체방크	2022	2025	독일
스탠다드차타드	2022	2025	영국
시세이도	2022	2030	일본
화이자	2022	2030	미국
소프트뱅크	2024	2040	일본
샤프	2025	2030	일본

RE100에 참여하는 이유

국내외 기업들이 RE100 캠페인에 참여해 탄소중립을 위해 노력하는 이유는 다음과 같이 볼 수 있다.

첫째, 기후변화의 심각성이 대두되면서 환경 보호에 대한 기업의 책임을 인식하게 되었다. RE100 참여는 이러한 기업의 책임을 실천하는 구체적인 방법으로, 재생에너지로 생산한 전기를 기업 활동에 사용해 온실가스 배출 감소와 기후변화 대응에 이바지한다.

• 태양광·풍력 등 재생에너지를 바탕으로 지속 가능한 도시와 탄소중립 미래 구축

둘째는 세계적으로 강화되는 탄소배출 규제에 대응하기 위함이다. 대표적인 규제인 탄소국경세(Carbon Border Tax) 또는 탄소국경조정제도(CBAM: Carbon Border Adjustment Mechanism)는 온실가스 배출 규제가 상대적으로 약한 나라에서 수출하는 제품을 생산할 때 발생한 탄소 배출량을 기준으로 세금을 부과한다. 가령 유럽연합은 2023년 5월 탄소국경조정제도 입법안을 공식 발효하고 2023년 10월부터 2025년까지 전환 기간을 거쳐 2026년부터 본격 시행할 예정이다. 초기 전환 기간에는 철강·알루미늄·시멘트·전기·비료·수소의 6개 품목과 일부 공급망이나 제조 과정의 후반 단계에 해당하는 제품에만 적용된다. 무역 의존도가 높은 우리나라에 이 제도는 환경 규제와 통상 정책을 결합한 새로운 무역장벽으로 작용해 대응이 시급하다.

셋째는 위와 같은 탄소배출 규제를 포함한 국제 무역환경 변화에 대응하기 위함이다. 글로벌 주요 기업들이 RE100에 참여하면서 이들과 거래하는 기업들도 재생에너지로 생산된 전기를 생산 활동에 100% 사용하라고 요구받는 사례가 늘고 있다. 가령 앞에서 밝힌 바와 같이 애플은 모든 제품 생산과 공급망 관리 영역에서 2030년까지 탄소중립 100% 구현을 선언하고 협력업체들도 재생에너지 전환에 동참하고 있다.

넷째, 기업 이미지를 제고하고 투자 유치에 긍정적인 효과를 얻기 위함이다. 전 세계의 소비자들이 온실가스를 대량 배출하는 기업의 사회적 책임을 묻기 시작했다. 또한 투자기관들도 재생가능에너지 사용 확대를 비롯한 기업의 기후변화 대응 노력을 투자 선택의 중요한 요소로 고려하고 있다. 이런 상황에서 RE100에 참여해 재생에너지를 사용하면 기업의 친환경 이미지를 강화할 수 있고, 투자자들의 신뢰를 높여 기업 가치 상승과 투자 유치에 긍정적인 영향을 미칠 수 있다.

이렇게 RE100은 뒤에서 살펴볼 기업의 지속가능경영과 환경·사회·지배구조(ESG)경영의 핵심 요소로 자리 잡고 있으며, RE100 캠페인을 통한 기후변화 대응은 지속 가능한 미래를 위한 중요한 발걸음으로 평가받고 있다.

14 RE100을 실현하는 방법

| RE100의 달성 조건과 정부의 지원 방안

앞에서 살펴본 바와 같이, RE100을 달성하기 위해서는 기업이 사용하는 전력의 100%를 재생에너지로 조달해야 한다. 이를 실현하기 위해 기업들은 단기·중기·장기 목표를 설정해 재생에너지 사용 비율을 점차 100%까지 끌어올리는 데 주력하고 있다. RE100 캠페인은 일반적으로 2050년까지 100% 달성을 요구하지만, 일부 기업들은 더욱 빠른 2020년대 또는 2030년, 2040년을 목표로 삼고 재생에너지 전환을 가속화하고 있다.

우리나라에서도 많은 기업이 재생에너지 사용 확대를 추진하고 있으나, 다른 선진국에 비해 석탄·원자력 중심의 전력 공급 구조를 갖춘 우리나라는 RE100 달성에 제도적·기술적 어려움이 있다. 이에 정부는 RE100의 이행을 지원하는 방안을 마련해 왔다. 가령 2020년 10월 소비자가 한국전력에서 신재생에너지로 생산한 전기를 구매할 수 있도록 녹색 프리미엄 요금제를 도입하고, 2021년부터 기업이 신재생에너지를 구매하면 온실가스 감축 실적으로 인정받도록 인센티브를 제공했다.

에너지를 지역에서 생산하고 소비하는 분산에너지 시스템으로 전환을 추진해 2020년 분산에너지 발전량 비중이 12.2%에 달했다. 열과 전기를 소비지역 인근에서 생산해 사용하는 집단에너지 사업도 활성화해 2020년 말 340만 세대에 지역난방을 공급했다.

| 간접적인 실현 방법: 녹색요금제와 REC

이렇게 전력을 100% 재생에너지로 조달하는 방법은 간접 조달 방법인 녹색요금제와 REC, 그리고 직접 조달 방법인 PPA와 자가발전의 네 가지가 있다. 먼저 간접적 방법부터 살펴본다.

첫째, 녹색 프리미엄이라고도 불리는 녹색요금제(Green Pricing)란 기업이나 개인이 일정한 추가 비용을 내고, 전력 공급자로부터 재생에너지로 생산된 전력을 구매하는 제도를 의미한

• 재생에너지

다. 이는 재생에너지 확대를 위한 대표적인 간접 구매 방식이다.

우리나라에서는 한국전력공사가 녹색요금제를 운영하고 있다. 기업이나 개인이 한국전력공사에 신청하고 계약을 체결하면 일정량의 재생에너지로 생산된 전력을 구매할 수 있다. 이때 일반 전기요금과는 별도로 재생에너지 조달 비용과 녹색 전력 인증 비용을 포함한 추가 요금을 부담해야 한다. 한국전력공사는 국내의 태양광·풍력 등 재생에너지 발전원에서 생산된 전력을 전력망에 공급하고, 소비자는 재생에너지 사용을 증명하는 녹색 프리미엄 인증서를 발급받아 RE100을 이행한 실적으로 활용할 수 있다.

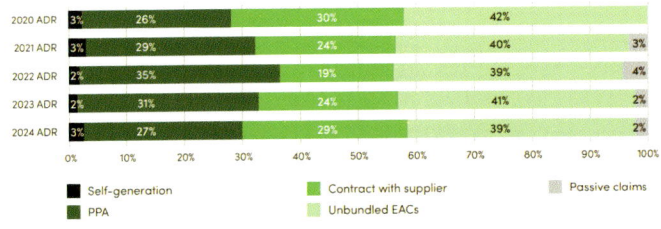

• RE100 참여기업 재생에너지 조달 수단　　출처: 2024 RE100 Annual disclosure report

실제로 2021년 국내 RE100 이행 수단을 이용한 기업·기관 74개 중 녹색요금제를 사용한 곳이 59개로 가장 많았다. 그중 SK텔레콤은 한국전력공사와 연간 44.6GWh 분량의 재생에너지 전력 사용 인증에 관한 녹색요금제 계약을 체결해 자사 ICT 인프라센터에 활용했다. 삼성전자도 녹색요금제를 활용해 2022년 DX부문 재생에너지 100%를 달성했다.

녹색요금제는 직접 발전시설을 구축하거나 보유하지 않아도 비교적 빠르고 간단하게 재생에너지 전력을 구매해 사용할 수 있다. 기업은 재생에너지 전력을 선택적으로 구매할 수 있고, 국제적인 RE100 기준을 충족했다고 인정받을 수 있어 기업 이미지 개선에 효과적이다. 또 정부와 공공기관의 친환경 정책과 연계해 인센티브를 받을 수 있다.

반면 한계도 존재한다. 추가 요금을 내야 하므로 비용 부담이 클 수 있고, 재생에너지 공급이 부족할 경우 비용이 상승할 수 있다. 또한 실제 기업이 사용하는 전기가 재생에너지로 공급되는 것이 아니라 전력망을 통해 혼합된 전기를 사용하는 개념이란 점도 알아야 한다.

둘째, 재생에너지 공급인증서(REC: Renewable Energy Certificate)는 재생에너지 발전으로 생산된 전력 1MWh당 발급되는 인증서다. 재생에너지를 직접 구매하지 않아도 REC를 구매하면 재생에너지 사용을 간접적으로 인정받을 수 있고, 친환경 전력 사용을 증명할 수 있다. 이는 우리나라와 미국·유럽 등 여러 나라에서 사용되며 RE100 기준에도 부합한다.

우리나라에서는 한국에너지공단 신재생에너지센터에서 REC

를 발급하고 관리한다. 태양광·풍력 등 재생에너지 발전사업자는 전력 생산량에 따라 REC를 발급받는다. 이렇게 발급된 REC는 공급의무자(RPS 사업자) 또는 자발적으로 구매한 기업이 활용할 수 있다. 기업은 전력거래소를 통하거나 발전사업자와의 직접 계약을 통해 REC를 구매할 수 있고, 이를 RE100 보고서나 탄소배출 감축 보고서 등에 반영할 수 있다.

마이크로소프트는 2025년 청정에너지 개발업체인 EDPR NA(EDP Renewables North America)의 태양광 프로젝트에서 장기 가상 PPA를 체결하고 389MW의 REC를 구매했다.

국내에서도 여러 기업이 REC 구매 방식으로 RE100에 참여했다. LG에너지솔루션은 2022년 오창공장 재생에너지 적용을 확대

녹색요금제와 REC 비교

구분	녹색 프리미엄 인증서	재생에너지 공급 인증서(REC)
운영 주체	한국전력공사	한국에너지공단(신재생에너지센터)
구매 방식	한국전력공사를 통해 녹색요금제 신청	전력거래소 또는 발전사업자와 계약을 통해 구매
실제 전력 공급 방식	기존 전력망을 통해 전력 공급되며, 사용 실적 인증	재생에너지가 직접 연계되지는 않지만, 발전량과 매칭
RE100 인정 여부	인정됨	인정됨
비용 부담	프리미엄 요금 추가 부담	시장 가격에 따라 변동
활용 기업	RE100 참여 기업, 공공기관, 친환경 브랜드 기업	RE100 참여 기업, 탄소중립 목표 기업

하기 위해 제주 동복마을·제주에너지공사·제주특별자치도청으로부터 23GWh 규모의 풍력·태양광 REC를 구매했다. 기존 녹색요금제 참여와 REC 구매를 통해 오창공장 재생에너지 전환율은 2021년 16%에서 2022년 50%까지 늘어났다.

 REC도 RE100과 탄소중립을 위한 빠른 해결책이 될 수 있으며, 재생에너지 발전사업자가 추가 수익을 창출할 기회를 제공한다. 그러나 이 또한 재생에너지를 직접 사용하지 않으며 간접적인 인증 방식이다. 또한 가격 변동성이 크고 대량 구매할 때 비용 부담이 높다. 게다가 우리나라는 REC 공급이 제한적이어서 수급 불안정 문제가 발생할 수 있다.

| 직접적인 실현 방법: PPA와 자가발전

 셋째, 전력 구매 계약(PPA: Power Purchase Agreement)은 재생에너지 발전사업자와 전력 소비자가 직접 계약을 맺고 장기적으로 전력을 구매하는 방식이다. 기업이 재생에너지를 직접 구매해 사용하는 방식이며, 여러 유형이 있다. 이 중 우리나라는 2021년 1월부터 허용된 직접 PPA와 제3자 PPA가 운영되고 있다. 직접 PPA의 경우 한국전력이 송·배전망을 운영하고 기업은 송전망 사용료를 부담하며, 제3자 PPA는 기업이 발전사업자와 직접 계약하는 부담을 덜고 한국전력이 안정적인 공급을 보장한다는 특징이 있다.

전력 구매 계약의 주요 유형

유형	정의	특징
물리적 PPA	• 발전사업자가 생산한 재생에너지 전기를 계약 기업에 직접 공급	• 전력망을 통해 물리적으로 전달됨 • 송·배전망 이용 필요
가상 PPA	• 발전사업자와 기업이 전력 가격을 기준으로 금전적 정산을 하는 계약	• 실제 전력 공급 없이 재생에너지 구매 실적만 인정 • 계약 기업은 여전히 일반 전력을 사용
직접 PPA	• 기업이 재생에너지 발전사업자와 계약을 맺고 전력망을 거쳐 전력을 공급받음	• 2021년 한국 도입
제3자 PPA	• 중개업체(예: 한국전력공사)가 발전사업자와 기업 간 거래를 중개	• 기업이 발전사업자와 직접 계약하지 않고 중개업체를 통해 전력 구매

　기업과 재생에너지 발전사업자가 10~20년 장기 계약을 체결하고 발전사업자가 재생에너지로 생산한 전력을 기업에 공급하면, 기업은 계약한 전기요금을 발전사업자에게 지급하고 재생에너지 사용을 증명하는 REC나 녹색 프리미엄 인증서를 발급받아 활용할 수 있다.

　구글은 2010년부터 2023년까지 115건 이상의 계약을 통해 총 14GW 이상의 재생에너지를 확보했다. 특히 2023년 레벨텐(LevelTen)과 협력해 PPA 계약의 소요 시간을 줄이는 새로운 시스템인 LEAP(LevelTen Energy Accelerated Process)를 개발하고 이후 1년 만에 미국 EDPR의 자회사인 네덜란드 크로노스 솔라, 벨기에 Luminus, 네덜란드 Eneco 등 북미·유럽의 다양한 기업과 1.5GW가 넘는 재생에너지 PPA를 체결했다.

SK하이닉스는 2022년 해외 생산 사업장의 RE100을 조기 달성하고 국내 사업장 REC 구매, PPA 등을 추진해 2024년 SK에코플랜트와 태양광 설비용량 100MW 규모의 직접 PPA 계약을 체결했다. 현대자동차도 2024년 현대건설·SK E&S·GS E&R·엔라이튼과 국내 사업장에 연간 재생에너지 610GWh를 공급받는 PPA 계약을 체결했다.

PPA는 직접 재생에너지를 조달해 탄소배출 감축과 RE100 달성에 효과적이고, 장기 계약을 통해 전기요금의 변동성을 줄이며 발전단가 하락 시 비용을 절감할 수 있다. 또한 발전사업자에게 안정적인 수익을 보장해 재생에너지 발전 투자를 촉진할 수 있고, 미국·유럽 등 전 세계 친환경 정책 기준을 충족해 기업 이미지와 경쟁력이 강화된다.

반면 단점도 있다. 10~20년의 장기 계약은 기업의 유연성을 떨어뜨릴 수 있다. 우리나라에서는 한국전력의 송전망을 이용하므로 송전망 사용료가 추가 비용으로 부과되며 다른 선진국보다 태양광·풍력 등 재생에너지 발전 비율이 낮아 PPA로는 안정적인 전력 공급이 어려울 수도 있다. 또한 우리나라는 전력시장이 완전히 개방되지 않아 기업의 참여가 제한적이다. 이를 해결하기 위해 정부의 전력시장 개방, 재생에너지 발전의 민간 투자를 통한 확대가 필요하다.

  넷째, 자가발전(On-site Generation)은 기업이 태양광·풍력 등의 재생에너지 발전시설을 직접 설치해 전력을 생산하고 사용하는 방식이다. 공장 옥상, 유휴 부지, 주차장, 물류센터 지붕, 건물 외벽 등 다양한 장소에 재생에너지 발전설비를 구축할 수 있는데, 우리나라에서는 주로 태양광발전을 보편적으로 사용하고 있다. 여기서 생산된 전력을 해당 기업의 공장·사무실·데이터센터 등에서 사용한다. 이밖에 태양광발전소를 지을 때 지분 투자를 통해 공동 소유하는 방법도 있다.

  에너지저장장치(ESS)를 함께 설치하면 전력을 생산하지 않는 시간에도 전력을 안정적으로 공급할 수 있어 제조업 공장이나 데이터센터에서 유용하고 사용할 수 있다. 기업의 소비 전력보다 많은 전기를 생산했다면 남는 전기를 전력망에 판매(FIT: Feed-in Tariff)하거나 전력거래소에 공급할 수 있다. 일부 기업은 자체 소비 전력과 외부 판매 전력을 조합해 비용을 절감하고 추가 수익을 창출한다.

  테슬라의 태양광발전 사업과 가정용·산업용 배터리 ESS 사업을 담당하는 테슬라에너지는 2023년 총 223MW 규모의 태양광 발전 설비를 설치하고 2024년 31.4GWh 규모의 배터리 ESS를 배치했다.

우리나라의 자가발전은 기업이 자체 생산한 전력을 100% 자체 소비하는 자가소비형 방식과 남은 전력을 전력거래소에 판매하는 소규모 전력 중개 방식을 이용할 수 있다. 자가소비형 방식은 공장·물류센터·대학 캠퍼스·대형 쇼핑몰 등에서 적극 도입하고 있다. 또한 2022년부터 소규모 전력 중개사업이 도입되어 기업이 중개사업자를 통해 잉여전력을 거래할 수 있다. 자가발전설비에서 생산한 전력량을 한국전력공사와 한국에너지공단에서 인증받아 RE100 실적에 반영할 수 있고, 필요하면 REC를 발급받아 거래해 추가 수익을 창출할 수도 있다.

삼성전자는 2022년까지 수원사업장에 1.9MW, 기흥사업장에 1.5MW, 온양사업장에 0.28MW 규모의 태양광발전 설비를 설치했고, 평택사업장에는 0.4MW 규모의 태양광발전 설비와 738RT 규모의 지열발전 설비를 설치했다. 또한 미국·유럽·인도·베트남·중국 등 해외법인도 각 나라의 재생에너지 정책에 부응해 재생에너지 공급계약 체결, REC 구매나 발전설비 설치 등으로 재생에너지 사용을 늘렸다. 현대자동차도 2024년 전국 사업장에 총 20MW 규모의 태양광발전 시설을 구축했고, 2025년 울산 전기차 전용 공장에 11MW 규모 태양광 패널을 추가 설치하기로 했다.

자가발전은 외부 전력망의 의존도를 낮추고, 장기적으로 전력 구매 비용을 절감하며 전기요금 인상의 영향을 받지 않는다. 재생에너지와 관련한 정부의 세금 감면, 보조금 지급, REC 판매 등의 이익을 얻을 수 있다. 세계적인 친환경 규제 강화에 대응해 RE100 실적을 인정받고 ESG 경영을 강화하며 기업 이미지와 경쟁력을 높일 수 있다.

반면 초기 발전시설 구축 비용 부담이 크고, 발전시설을 설치할 공간이 제한적이어서 도심지에서는 활용이 어려울 수도 있다. 태양광은 낮에만 발전할 수 있고 풍력은 바람 조건에 따라 발전량이 달라지는 재생에너지 자체의 단점도 해소해야 한다. 또한 우리나라는 잉여전력 판매와 전력망 연계 절차가 복잡해 기업이 직접 거래하기 어렵다. 이런 단점에도 불구하고 자가발전은 기업이 RE100을 직접 실천할 가장 효과적인 방법이라 할 수 있다. 정부도 세제 지원, 전력망 연계 정책 개선, REC 판매 활성화 등으로 촉진할 필요가 있다.

15 RE100 실현의 과제와 우수사례

| RE100 달성의 촉진을 위한 해결 과제

 기업이 사용하는 전력을 100% 재생에너지로 조달하는 RE100을 실현하는 방법 네 가지를 살펴보았다. 이를 실현하는 과정에는 정부와 기업이 해결해야 할 다양한 도전 과제가 있다.

 첫째, RE100 달성에 필요한 재생에너지 공급과 인프라가 부족하다. 우리나라는 현재 석탄과 원자력 중심의 전력 공급 구조를 유지하고 있어 재생에너지 발전 비율이 다른 선진국보다 상대적으로 낮다. 또한, 전력망(그리드)을 확장하고 재생에너지를 저장하는 기술이 미흡해 안정적인 전력 공급이 어려운 실정이다. 이를 해결하기 위해서는 정부가 재생에너지 확대 정책을 적극적으로 시행하고 송배전망을 개선하며 에너지저장장치(ESS)를 안정화하는 기술개발과 보급 확대가 필요하다.

 특히 ESS는 전력을 저장하고 필요할 때 공급해 전력 수요와 공급의 불균형을 해소하고 재생에너지를 효율적으로 사용할 수 있으며 전력망의 안정성을 높이는 장점도 있으나, 해결해야 할 과제도 있다. 실제로 ESS에 탑재되는 배터리의 화재·폭발 위험과 비싼 구축 비용은 낮추고 배터리 수명과 성능은 향상할 기술이 개발되고 있다. 한편 ESS는 저장과 발전 사이의 시간에 따라 장·중·단주기로 분류된다. 단주기는 수 분 미만으로 빠르게 큰 출력을 제공하고, 중주기는 2~4시간 동안 적절한 용량과 출력을 제공하며, 장주기는 약 10시간 이상 저장 시간을 제공한다. 이 중 장주기 ESS는 전력 발생이 일정하지 않을 때, 전력 수요가 급증하거나 급감해 효율적인 에너지 운용이 필요할 때 효과적으로 사용할 수 있는 전지 모델이다. 앞으로 전력 계통에서 재생에너지가 제 역할을 안정적으로 수행하는 데 꼭 필요한 기술이 장주기 ESS라 할 수 있다.

둘째, 재생에너지 비용 부담이 문제로 지적된다. 앞에서 보았듯 태양광·풍력 등의 재생에너지 발전단가는 분명 낮아지고 있다. 그러나 자가발전을 위한 초기 투자 비용이나 PPA 또는 REC 구매 비용은 여전히 기업에 부담이 되고 있다. 따라서 정부는 재생에너지 보조금을 확대하고 금융·세제 혜택을 마련해 기업이 RE100을 달성할 수 있도록 지원해야 한다.

셋째, 정책과 제도적 장벽을 허물어야 한다. 우리나라는 기업이 재생에너지 발전사업자로부터 직접 전력을 구매하는 직접 PPA 제도를 2021년에 도입했으나, 여전히 제도적 제한이 많아 기업이 RE100을 추진하는 데 어려움을 겪고 있다. 따라서 전력시장 개방을 확대하거나 민간 재생에너지 발전 사업을 활성화하고, 국제 기준에 맞는 정책 정비가 필요하다.

넷째, 글로벌 기업의 공급망을 통한 RE100 실현 압박과 이에 대응할 필요성이 커지고 있다. 앞에서 계속 강조한 바와 같이 애플·마이크로소프트 등 글로벌 기업들은 자신뿐만 아니라 공급망에 함께하는 다른 기업에도 RE100에 참여할 것을 요구하고 있으며, 실제 국내 기업들이 이에 동참하고 있다. 이에 따라 국내 기업들이 RE100을 달성하지 못한다면 수출경쟁력뿐만 아니라 글로벌 시장 자체에 참여하는 데 필요한 경쟁력을 잃을 가능성이 높다. 이에 대응하기 위해서는 중소기업을 대상으로 한 정부의 RE100 지원 정책을 강화해야 한다. 관련 산업이나 인접한 산업단지 내에 존재하는 기업들이 협력해 RE100 실현을 위해 공동으로 대응하는 것도 필요하다.

| RE100 실현을 위한 기업 간 협력 사례

개별 기업이 다양한 방법으로 RE100을 실현하기 위해서는 간접적 방식인 녹색요금제와 재생에너지 공급인증서(REC)를 이용하든, 직접적 방식인 전력 구매 계약(PPA)이나 자가발전을 이용하든 해결해야 할 과제가 많다. 따라서 태양광발전에 필요한 모듈 등 하드웨어를 실제 생산하고 설치·운영하는 자가발전이나, 태양광발전소와의 전력 구매 계약(PPA) 체결 등 RE100에 필요한 모든 과정을 조율하고 도움을 줄 수 있는 기업과의 협업이 필수적이다.

기후변화에 대응해 2040년까지 탄소 순배출을 제로로 만들고자 노력 중인 네이버의 사례를 보자. 네이버가 배출하는 온실가스의 99%는 데이터센터와 사옥 전력에서 발생하며, 이는 기업 성장에 따라 향후 10년간 증가할 것으로 전망됐다. 이에 네이버는 2020년 친환경 효과를 극대화하고 부정적 환경영향을 최소화하고자 2040 카본 네거티브(Carbon Negative) 전략을 수립해 환경 전담조직을 설치하고 ISO 14001 인증을 취득했다. 또한 2022년에는 2030년까지 보유하거나 임차한 3.5톤 이하 차량 100%, 3.5톤 초과 차량 50%를 전기차나 수소차로 전환하는 EV100 캠페인과 RE100 캠페인에 가입해 이행 의지를 확고히 했다. 업무차량의 13%를 전기차로 전환하고 제1사옥 그린팩토리와 제2사옥 1784에 82대의 전기차 충전시설을 구축했으며, 전기차 보급 확대에 대비해 향후 300대를 충전할 수 있는 용량을 미리 확보했다.

같은 해 전기판매사업자인 한국전력, 발전사업자인 엔라이튼과 제3자 PPA를 체결하고 제2사옥 1784 운영을 위한 재생에너지를 확보한 데 이어 데이터센터의 서버실 온도를 낮추기 위해 자연 냉각 시스템을 활용했다. 2024년에는 그린팩토리와 춘천 커넥트원에 태양광발전 설비를 추가 설치하고 다양한 에너지 절감 기술을 도입했다. 또한 같은 해 신성이엔지와 업무협약을 체결하고 태양광 모듈을 제2사옥 1784에 설치하며 평택 산업단지 발전소 등 신성이엔지가 보유한 재생에너지 자원을 네이버의 친환경 사업장 운영에 활용했다.

  이밖에 2025년 2월 네이버는 에스알이솔루션·여주에너지협동조합 등 12개 태양광 발전사업자와 제3자 PPA를 체결해 25년간 매년 약 7GWh의 재생에너지 전력을 안정적으로 공급받게 됐다.

  앞서 소개했던 국내외 글로벌 기업 외에 더 많은 기업이 RE100에 참여하려면 해당 기업의 의지와 노력뿐만 아니라 태양광 발전사업자, 전기판매사업자 등 다양한 관계 기업들의 효율적이고 전문적인 협업이 필요하다. 특히 태양광·풍력 등 재생에너지 공급이 부족하고 정부의 노력에도 정책과 태양광발전 구축 비용의 제약이 여전히 존재하는 우리나라에서는 정부의 제도 개선과 기업의 적극적인 투자, 그리고 관련 산업에 종사하는 전문기업의 기술 혁신이 필수적이다. 앞으로 국내의 더욱 많은 기업이 RE100을 조기에 실현한다면 각자가 세계 시장에서 친환경 리더십을 강화할 뿐만 아니라 인류의 지속 가능한 성장과 탄소중립을 동시에 달성하게 될 것이다.

16 CF100이란 무엇인가

| 탄소배출 제로 100%, CF100 등장

전 세계가 탄소중립에 나선 가운데 국내외 주요 기업들이 참여한 RE100에 이어 '탄소배출 제로(Carbon Free) 100%'를 줄인 CF100이 등장했다. 발단은 구글이었다.

구글은 주로 재생에너지 공급인증서(REC)와 전력 구매 계약(PPA)으로 구매한 재생에너지를 자신들의 에너지 소비량과 100% 일치시켜 2017년 RE100을 달성했다. 그런 구글이 RE100을 넘어 2030년까지 전 세계 데이터센터와 사무실을 하루 24시간 일주일(7일) 내내 해당 지역 전력망에서 생산되는 무탄소 에너지로 운영하겠다는 계획을 발표했다.

그리고 2021년 9월 구글과 UN 에너지, UN 산하 지속가능에너지기구(SE4ALL) 등이 주관하고 전 세계 130명 이상의 리더가 참여한 에너지 고위급 대화에서 야심찬 목표가 발표됐다. 상시 무탄소 에너지 협약(24/7 CFE: Carbon Free Energy Action)이 출범한 것이다. 이는 24시간 일주일(7일) 내내 사용하는 전력의 100%를 태양광·풍력·수력·지열 등 재생에너지뿐만 아니라 원자력·청정수소·연료전지·탄소 포집·활용·저장(CCUS) 등 탄소(온실가스)를 배출하지 않는 모든 에너지원으로 충당하자는 운동이다. 이로써

2030년까지 전기가 부족한 7억 6,000만 명에게 청정에너지를 제공하고, 2050년까지 넷제로를 달성하기 위한 에너지 전환을 가속화해 누구도 소외되지 않는 녹색 일자리를 창출하는 것을 목표로 삼았다. 이 목표를 지원하기 위해 정부와 민간이 4,000억 달러 이상의 새로운 재정 지원과 투자를 약속했다.

| CF100과 RE100은 무엇이 다른가

CF100은 전력 부문에서 탄소를 완전히 제거한다는 점에서 기업이 사용하는 전력을 100% 재생에너지로 충당하는 RE100과는 차이가 있다. 탄소배출을 줄인다는 목적은 같지만, RE100은 재생에너지로 수단을 한정했고, CF100은 재생에너지에 탄소를 배출하지 않는 원자력과 연료전지 등을 수단에 포함하고 있다.

RE100은 석탄화력발전으로 생산한 전기를 사용해도, 연간 사용량에 맞는 재생에너지를 구매하면 기존 석탄화력발전으로 생산한 전기 사용분을 상쇄해 재생에너지 사용을 인정받을 수 있다. 반면 CF100은 24시간 무탄소 전원으로 전기를 공급받아 탄소를 발생시키는 전력원에서 공급받는 전기를 0으로 만들겠다는 것이다.

좀 더 구체적으로 살펴보자. RE100은 REC나 PPA를 통해 인증서와 전력을 조달하면 재생에너지를 사용한 것으로 인정한다. 반면 CF100은 실시간 사용한 전력이 무탄소 전원에서 조달한 것이라야 하므로 RE100보다 더 엄격하다. 물론 RE100도 전력망에서 구매하는 전력과 납품받는 제품 생산에 사용된 전력도 재생에너지로 생산해야 한다는 높은 단계의 기준이 있다. 그러나 대부분 REC 구매와 PPA로 RE100을 달성하고 있다.

RE100과 CF100의 비교

구분	RE100	CF100
의미	재생에너지 전기(Renewable Electricity) 100%	무탄소 에너지(Carbon Free) 100%
주요 에너지원	태양광·풍력·수력 등 재생에너지	태양광·풍력·수력 등 재생에너지+원자력·연료전지·청정수소 등
발족처	탄소정보공개프로젝트(CDP)·기후그룹(The Climate Group)	구글·UN 에너지·지속가능에너지기구 등
목표	기업(기관)이 사용하는 전기를 100%재생에너지로 조달	전력 시스템의 탈탄소화로 전력 부문에서 탄소 완전 제거

또한 RE100은 재생에너지만을 대상으로 하고 있어 배타적인 반면, CF100은 무탄소 에너지라면 원자력이든 연료전지든 모든 기술을 포함하고 있다. 만약 태양광이 적게 내리쬐거나 바람이 드물어 재생에너지 공급량이 적은 자연환경이거나, 대규모 저장 기술이 없어 실시간 100% 재생에너지 공급이 물리적으로 불가능한 나라라면, 재생에너지만 사용하게 하는 것이 탄소중립에 실질적인 도움이 될 것인지 고민할 필요가 있다.

CF100은 실시간 사용하는 전력을 무탄소 전원에서 실시간 공급해야 하므로 24시간 전력을 생산하기 어려운 태양광·풍력 등 재생에너지만 있는 곳이라면 실현이 어렵다. 반면 무탄소 전원이면서 24시간 전력을 생산할 수 있는 원자력과 수력이 풍부한 환경이라면 오히려 달성하기 쉽다. 가령 프랑스는 70% 정도의 원자력과 20%에 육박하는 수력 중심의 재생에너지가 있어 CF100 달성이 비교적 쉬운 편이라 할 수 있다.

CF100, 탄소중립 달성의 현실적 대안

우리나라는 국토가 좁고 제조업 중심 산업구조로 인해 전력소비 규모가 크고 안정적인 전력공급이 중요하다. 우리나라의 전력 사용량은 산업용이 50%를 넘는다. 따라서 RE100을 달성하려면 그만큼의 전력을 재생에너지로 총량으로라도 생산해야 한다. 그러나 재생에너지 중 태양광·풍력 특유의 24시간 전력 생산이 어려운 점을 보완하면서 재생에너지 전력만으로 우리나라 전력 사용량의 50% 이상을 공급하는 것은 현실적으로 어렵다. 2021년 국내 전력 소비량 상위 5대 기업의 총 전력량은 47.67TWh이다. 이 중 1위인 삼성전자의 전력 소비량은 18.41TWh로 국내 재생에너지 발전량인 43.1TWh의 42.7%에 달한다.

이런 상황에서 CF100은 우리나라가 재생에너지와 함께 원자력·수소 등을 활용해 탄소중립을 이룰 수 있는 현실적 대안으로 주목받고 있다. 이에 정부는 2021년 12월 녹색산업의 기준과 원칙을 제시하는 한국형 녹색분류체계를 발표한 후 2030년까지 국가별 온실가스 자발적 감축 목표(NDC)를 달성하기 위해 '온실가스 감축과 안전성·환경성 향상을 위한 원자력 관련 기술의 연구·개발·실증', '원전 신규 건설 및 계속 운전' 등을 추가해 2023년 1월부터 시행했다. 또한 윤석열 대통령은 2023년 9월 20일 UN총회 기조연설에서 "무탄소 에너지 확산을 위해 전 세계 누구나 참여할 오픈 플랫폼으로서 RE100을 보완하는 무탄소(CF)연합을 결성하고자 한다"고 제안했다. 이어 산업통상자원부가 10월 27일 무탄소(CF)연합 출범식을 열고 CF100에 대한 국제사회의 공감대 확산에 주력했다. 여기에는 RE100에 가입한 삼성전자·SK하이닉스·현대자동차 등을 포함해 포스코·LG화학·한화솔루션·한국전력·한국에너지공단 등 14개 기업과 기관이 이사회원으로 참여하고 한전원자력연료·한국산업기술시험원 등 6곳이 일반회원으로 참여했다.

RE100과 CF100은 탄소 배출을 줄여 탄소중립을 실현한다는 공통의 목표를 갖고 있다. RE100보다 기준은 엄격하지만 나앙안 무탄소 에너지원을 활용하는 CF100을 통해 안정적인 에너지 전환을 이루고 우리나라가 가진 무탄소 에너지 기술을 더욱 혁신해 활용한다면 관련 산업의 국제 경쟁력을 확보하는 기회가 될 수 있다.

17 CF100을 실현하는 방법과 과제

| CF100의 달성 조건과 실현 방법

CF100은 개인·기업·정부가 사용하는 전력을 24시간 무탄소 에너지원으로 공급하는 것을 목표로 삼고 있다. 이를 달성하기 위한 원칙은 크게 다섯 가지가 있다.

첫째는 시간 일치 조달로, 시간당 전기 소비량을 무탄소 발전과 일치시키는 것이다. 즉 지금 사용하는 전력은 무탄소 발전에서 온 것이어야 한다. 시간별 매칭은 청정에너지 구매를 기본 전력 소비와 연결하는 데 도움이 된다.

둘째는 현지 조달로, 전력을 소비하는 지역의 전력망에서 청정에너지를 구매한다. 이는 소비자가 직접 책임을 져야 하는 전기 관련 탄소 배출량을 0으로 만드는 방법이다.

셋째는 기술 포괄성으로, 무탄소 전기 시스템을 가능한 한 빨리 만들어야 할 필요성을 인식한다. 재생에너지와 원자력 등 모든 무탄소 에너지 기술이 이런 미래를 만드는 역할을 할 수 있다.

넷째는 차세대 지원으로, 전기 시스템을 신속히 탈탄소화하기 위해 무탄소 발전을 통한 전기를 추가로 제공하는 데 집중한다.

다섯째는 시스템 영향 극대화로, 발전 과정에서 가장 많은 화석연료가 사용되는 전력의 소비 시간을 해소하기 위해 노력한다.

이러한 원칙을 에너지 이용 주체에 따라 구체적으로 적용해 본다면 다음과 같을 것이다. 가정에서는 에너지 효율이 높은 가전제품을 사용하고 단열 개선을 통해 불필요한 전력 소비를 줄인다. 또한 주택에 태양광 패널을 설치해 직접 재생에너지를 생산하고 소비한다. 에너지 공급자로부터 무탄소 에너지로 생산된 전력을 구매해 사용하는 것도 방법이 될 수 있다.

기업에서는 에너지 관리 시스템을 도입해 에너지 사용을 실시간 모니터링하고 최적화해 불필요한 전력 소비를 줄이고, 태양광·풍력·원자력·수소 등 무탄소 전원을 보유한 발전사업자와 장기 계약을 체결해 무탄소 전력을 안정적으로 확보한다. 이렇게 확보한 전력을 사용하고 무탄소 에너지 사용을 인증받아 기업의 지속가능성과 친환경 이미지를 강화할 수 있다.

이러한 가정과 기업의 노력이 더욱 효과를 발휘하려면 정부의 노력이 필수적이다. 무탄소 전원 인증 체계를 구축하고 국제표준화를 추진해 가정과 기업에서 무탄소 에너지를 쉽게 활용하도록 지원해야 한다. 또한 국내에 재생에너지·원자력발전소와 청정수소 생산시설, 탄소 포집·활용·저장(CCUS) 설비 등 무탄소 에너지 인프라를 구축해 안정적인 에너지 공급을 보장해야 한다. 이러한 노력이 국내에 그치지 않고 국제기구 및 외국과 협력해 무탄소 에너지 기술 개발과 보급을 추진해야 한다.

무탄소 에너지원의 핵심 원자력, 그리고 SMR

전 세계 기후변화의 심각성이 커지고 AI 등 첨단산업의 전력 수요가 급증하는 상황에서 세계 각국은 앞서 소개한 우리나라의 무탄소(CF)연합과 같은 단체를 결성하고 있다. 대표적으로 2019년 출범한 미국의 청정에너지구매자연합(CEBA: Clean Energy Buyers Association)을 들 수 있다. CEBA는 전력망 탈탄소를 목표로 하는 민간 단체로 재생에너지와 무탄소 에너지를 포괄적으로 활용하기 위해 기존의 재생에너지구매자연합(REBA)을 변경해 출범했다. GM·구글·보잉 등 420개 회원사가 있으며 2030년까지 미국의 90% 무탄소 전력 시스템을 달성하기 위해 청정에너지를 구매할 때 필요한 비용을 효율적으로 조달하도록 돕고 있다.

일본은 2023년 7월 화석에너지에서 청정에너지로의 산업·사회 구조 전환을 의미하는 총괄 정책 'GX 추진전략'을 발표했다. 여기에 참여하는 기업들의 연합체를 GX리그라고 부른다. 이는 안정적 에너지 공급 확보를 대전제로 하고 있다. 공급 측면에서는 재생에너지·원자력·수소·암모니아·탄소 재활용 연료·CSS를 포괄하며, 수요 측면에서는 에너지 효율화, 제조업의 연료·원료 전환, 운송, 탈탄소 목적의 디지털 투자 등의 분야를 포괄하고 있다.

이러한 국제사회의 행보는 실질적인 기후변화 대응과 탄소중립 달성을 위해 재생에너지와 다양한 무탄소 에너지 활용이 필요하다는 공감대가 형성되고 있기 때문이다. 그 무탄소 에너지 중에서도 가장 주목받는 것이 원자력이다. 앞에서 살펴보았듯 원자력은 24시간 안정적으로 전력을 공급할 수 있고, 단위전력(kWh) 생산당 이산화탄소 배출량이 석탄화력발전의 0.1%에 불과해 탄소 배출의 우려가 없는 에너지로 CF100의 달성에 이바지한다.

세계 주요 국가들도 전력 생산 구조를 바꾸고 있다. 2024년 5월 미국 정부는 원자력 산업 강화와 원자력 공급망 안보를 위한 '원자력 프로젝트 관리·공급 워킹그룹'을 신설했다. 이 그룹은 미국 내 원자로 구축 촉진을 위해 공사 기간을 단축하고 비용 상승을 억제하는 역할을 하며, 원자력을 청정에너지원으로 활용할 방안을 각계각층으로부터 수렴하고 정부의 원자력 정책에 반영하는 임무를 맡았다. 미국 정부는 워킹그룹 외에도 세액공제, 원전 재가동 등의 형태로 원전 산업 강화 정책을 추진하고 있다.

2024년 3월 벨기에 브뤼셀에서 최초로 유럽 원자력 정상회의가 개최되면서 원자력에 대한 유럽 각국의 정책 기조가 변화하고 있다. 2023년 스웨덴은 향후 20년간 원전 최소 10기를 추가 건설하겠다고 밝혔다. 프랑스는 현재 운영 중인 원전 56기의 수명을 60년 이상 연장하고 2040년까지 최대 14기의 원자로를 건설할 계획을 발표했다. 영국도 2050년까지 원자로를 최대 9개 추가 건설하며 원자력발전의 비중을 15%에서 25%로 확대하기로 했다.

영국의 민간 원전 로드맵에는 SMR을 대형 원전과 함께 도입하는 구상도 담겼다.

우리나라도 2024년 발전원별 비중에서 원자력이 32.5%로 LNG 29.8%, 석탄 29.4%, 신재생에너지 6.9%를 제치고 2006년 이후 18년 만에 1위를 되찾았다. 2023년 8월 국내 최대 전력 수요가 사상 처음으로 100GW를 넘어섰고, 반도체 산업 성장과 전기차 보급 확대, 데이터센터 운영 증가로 전력 수요는 계속 늘어날 전망이다. 이런 상황에서 안정적이고 경제적으로 전력을 공급하는 원자력이 CF100을 실현하는 대표적인 에너지원으로 주목받고 있다.

2038년까지의 우리나라 전력 수급의 기본방향을 담은 제11차 전력수급기본계획은 2038년 원자력발전 비중이 35%대로 증가할 것으로 전망했다. 특히 대형 원자력발전소의 안전성 우려를 극복할 대안으로 앞에서 소개한 SMR이 관심을 끌고 있다. SMR은 작은 규모로 모듈화한 설계를 통해 건설 기간과 비용을 줄일 수 있으며 자연 냉각 시스템을 적용해 안전성을 높였다. 또한 소규모 부지에도 건설할 수 있어 도서 지역이나 산업단지 등에 적용할 수 있다. 미국·유럽연합·중국이 SMR을 적극 개발하는 가운데 국내에서도 2028년 핵심기술 개발과 표준설계 인가를 목표로 혁신형 소형모듈원자로(i-SMR)를 설계하고 있으며 조선업계에서는

SMR 선박을 개발하고 있다. 다만 원자력발전 자체의 안전성 문제와 사용후핵연료 처리 문제는 여전히 해결해야 할 과제다. 따라서 SMR을 더욱 안전하고 효율적으로 개발해 상용화한다면 재생에너지 기술이 성숙하기 전까지 늘어나는 전력 수요에 대응하는 과도기적 대안으로 활용할 수 있을 것이다.

  RE100과 CF100은 모두 기후변화에 대응하는 탄소중립의 실현을 목표로 하는 캠페인이다. 각자의 대표 전원인 태양광과 원자력은 서로의 장단점을 보완하며 탄소중립을 달성하는 그날까지 에너지 효율 개선과 기술 혁신을 이어 나가야 한다.

4장

지속가능한 ESG 경영과 태양광

18 ESG란 무엇인가

| 기업의 사회적 책임에서 ESG 경영으로

지난 수백 년 동안 이어온 세계 자본주의 사회에서 기업은 제품과 서비스를 생산·판매해 소비자의 삶을 편리하게 하는 대가로 이윤을 창출하는 데서 머물지 않고 이른바 '기업의 사회적 책임'(CSR: Corporate Social Responsibility)을 실천할 것을 요구받았다. 1953년 미국의 하워드 보웬의 책 『기업가의 사회적 책임』에서 처음 등장한 '기업의 사회적 책임'은 '기업가들이 우리 사회의 목적과 가치에 알맞게 의사결정을 해서 바람직한 방향으로 행동하는 의무'를 의미했다. 이는 사회공헌과 공급망 관리, 인권 등을 포함하는 개념으로 기업이 사회를 위해 하는 부가적 행위로 인식됐다. CSR은 기업이 쌓은 수익 중 일부를 사회에 기부하거나 공헌하는 개념으로 받아들여졌다.

• ESG

　여기서 한 단계 더 나아가 기업의 역할을 경제·사회·환경의 역할로 구분한 '지속가능성(Sustainability)'이란 개념이 등장했다. 1713년 독일의 산림경제학자 한스 칼이 '지속가능'이란 용어를 처음 사용한 이후 1972년 개최된 '인간과 환경에 관한 유엔 회의'에서 '지구의 날'을 선포하면서 지속 가능한 개발에 대한 논의가 시작됐다. 초기에는 미래세대의 가능성을 파괴하지 않고 인간과 환경이 조화를 이루며 경제성장을 추구해야 한다는 의미였다. 이후 경제와 환경이 공존하는 개념으로 확산했으며, 1987년 유엔환경계획(UNEP)이 발표한 「우리 공동의 미래」라는 보고서에서

'지속 가능한 발전'(Sustainable Development)의 개념이 제시됐다.

그리고 환경(Environment)·사회(Social)·지배구조(Governance)의 합성어인 ESG는 2004년 유엔글로벌콤팩트(UNGC)가 발표한 보고서에서 처음 사용되었으며, 2006년 제정된 유엔 책임투자 원칙(UN PRI)에 "투자 분석과 투자의사 결정에 ESG를 반영하고, ESG를 주주권 행사에 활용하며, ESG 정보공개를 요구한다"는 내용이 포함되었다. 이것이 오늘날 기업 경영에서 강조되는 ESG 경영의 초석이 되었다.

이후 2020년 코로나19가 전 세계에 확산하면서 전 세계적으로 기업 활동에 직접적인 영향을 주는 산업 패러다임도 바뀌었다. 기후변화·공중보건·환경보호 등 ESG 이슈에 관심이 늘어났으며, 비로소 ESG가 기업의 지속가능성과 미래 성장 가치를 평가할 새로운 기준으로 자리매김했다.

기업의 생존과 지속적인 성장에 직결되는 핵심 가치인 ESG의 구성요소를 세부적으로 살펴보면, 환경(E) 부문은 기후변화와 탄소배출, 환경오염과 규제, 생태계와 생물 다양성 등으로 압축된다. 기후변화 대응이 인류의 지속가능성과 생존을 결정할 중요한 요인으로 떠오름에 따라 기업도 탄소배출 저감과 폐기물 관리, 에너지·자원 절약을 통한 환경 경영이 필요하다. 사회(S) 부문의 세부 요소는 평등·다양성, 고용인권, 안전·보건, 정보보호, 공정경쟁 등을 들 수 있다. 지배구조(G) 부문은 환경(E)과 사회(S) 가치를 구현하도록 하는 투명한 기업 운영과 윤리경영 등의 요인을 주된 요소로 두고 있다.

ESG의 세부 요소

구분	세부 요소
환경(Environment)	• 기후변화와 탄소배출 • 환경오염과 규제 • 생태계와 생물 다양성
사회(Social)	• 데이터 보호와 프라이버시 • 인권·성별 평등과 다양성 • 지역사회와의 관계
지배구조(Governance)	• 이사회·감사위원회 구성 • 반부패 • 기업윤리

과거에는 기업을 평가하는 주된 기준이 매출·영업이익을 나타내는 재무제표를 중심으로 한 정량적 지표였다. 그러나 기후변화 등 사회 변화에 기업이 미치는 영향력이 증가해 비재무적 지표가 기업의 실질적인 가치를 평가하는 더 중요한 요소라는 인식이 확대됐다.

ESG 경영체계 구축

올바른 ESG 경영을 위해서는 경영전략과 정보공개 두 가지가 잘 이뤄져야 한다. ESG 관점에서 기업의 전략 과제 등을 설정하고 이러한 활동을 공개하는 ESG 경영을 통해 기업의 가치를 높일 수 있다. 단순히 ESG 평가에 대응해 좋은 등급을 받으려는 기업 마케팅 위주의 접근은 과거 분식회계와 같은 위험한 접근이 될 수 있다. 따라서 진정한 ESG 경영을 구축하려면 기업의 비전과 목표·전략 등 경영 전반의 맞춤 재설계 작업이 필요하다.

ESG 경영은 ESG 관련 규제에 대응하고 기업의 투자와 자금조달에서 ESG 관련 영향을 검토하는 것뿐만 아니라, 제품 생산을 위한 공급망부터 사용 후 처리까지 모든 과정에서 기업의 상품과 서비스가 사회에 어떤 영향을 주는지 검토해야 한다. 이러한 ESG 경영을 통해 기업은 매출 극대화, 리스크 관리, 금융비용 감소 등으로 가치를 높일 수 있다. 또한 우리나라 시장에서 건강한 ESG 경영을 완성하려면 정부의 적정한 규제와 기업에 대한 객관적 평가, 그리고 이를 반영한 소비와 투자가 이루어지는 ESG 생태계가 조성되어야 한다.

2021년 1월 한국거래소가 발표한 'ESG 정보공개 가이던스' 중 다음의 표를 통해 ESG 경영을 할 때 고려해야 할 지표와 세부 내용을 살펴볼 수 있다.

ESG 보고서 작성 관련 주요 가이드라인의 공통지표

구분	항목	지표	세부 내용
E (환경)	온실가스 배출	직접 배출량	회사가 소유·관리하는 물리적 장치나 공장에서 대기에 방출하는 온실가스 배출량
		간접 배출량	회사 소비용으로 매입·획득한 전기·냉난방·증기 배출에 따른 온실가스 배출량
		배출 집약도	활동·생산 기타 조직별 미터법 단위당 배출된 온실가스 배출량
	에너지 사용	직접 에너지 사용량	조직이 소유·관리하는 주체의 에너지 소비량
		간접 에너지 사용량	판매 제품 사용·폐기 등 조직 밖에서 소비된 에너지 소비량
		에너지 사용 집약도	활동·생산 기타 조직별 미터법 단위당 필요한 에너지 소비량
	물 사용	물 사용 총량	조직의 물 사용 총량
	폐기물 배출	폐기물 배출 총량	매립·재활용 등 처리 방법별 폐기물 총중량
	법규 위반·사고	환경 법규 위반·사고	환경 법규 위반, 환경 관련 사고 건수와 조치
S (사회)	임직원 현황	평등 및 다양성	성별, 고용 형태별 임직원, 차별 관련 제재 건수와 조치
		신규 고용 및 이직	신규 고용 근로자와 이직 근로자
		청년인턴 채용	청년인턴 채용 현황과 정규직 전환 비율
		육아휴직	육아휴직 사용 임직원
	안전·보건	산업재해	업무상 사망·부상·질병 건수와 조치
		제품안전	제품 수거·파기·회수·시정 등 리콜 건수와 조치
		표시·핑고	표시·광고 규제 위반 건수와 조치
	정보보안	개인정보 보호	개인정보 보호 위반 건수와 조치
	공정경쟁	공정경쟁·시장지배적 지위 남용	내부거래·하도급거래·가맹사업·대리점 거래 관련 법규 위반 건수와 조치
G (조직)	ESG 대응	경영진의 역할	ESG 이슈 파악 관리와 관련한 역할
	ESG 평가	위험과 기회	ESG 관련 위험과 기회 평가
	이해관계자	이해관계자 참여	이해관계자의 ESG 프로세스 참여방식

｜ 기업 생존에 직접 영향을 주는 ESG 경영

　대한상공회의소·삼정KPMG가 발표한 보고서에 따르면 해외에서는 기관투자자들이 ESG 경영을 잘하지 못한 기업의 의결권을 직접 행사하는 사례가 늘고 있다. 글로벌 최대 자산운용사 블랙록은 2020년 엑슨모빌 주주총회에서 기후변화 대응 전략 수립과 기후변화의 재무적 영향에 대한 공시가 미비했다는 이유로 이사 2명의 연임에 반대표를 던졌다. 또한 ESG 리스크 관리 미비가 이사회의 독립성이 부족하기 때문이라 판단하고 CEO와 이사회 의장을 분리하는 데 찬성하기도 했다. 블랙록이 이렇게 환경 문제를 이유로 직접 의결권을 행사한 기업은 볼보 등 30여 곳에 달했다.

　ESG 경영이 중요해진 또 다른 이유는 산업 공급망을 지배하는 글로벌 기업이 도입을 촉구했기 때문이다. ESG 경영이 미흡한 협력업체와 거래하지 않으며 공급망에 속한 기업들의 ESG 경영 도입을 유도했다. 이런 점에서 ESG 경영은 단순히 기업의 미래 가치를 증진하는 것을 넘어 지속 가능한 경영을 실질적으로 확보하는 전제조건이 되었다.

　ESG 경영이 등장할 때부터 가장 적극적으로 추진한 글로벌 기업으로는 애플·테슬라·바스프 등이 있다. 애플은 2030년까지 협력사들이 100% 재생에너지로 생산한 제품을 공급하도록 한 '협력사 청정에너지 프로그램'을 발표하고, 공급망 내 모든 단계별

협력사의 노동권·인권·건강·환경보호 등의 행동수칙 평가를 진행했다. 테슬라는 배터리 공급망에서 인권침해가 발생하지 않도록 아동 노동착취가 벌어진 콩고의 코발트를 사용하지 않은 '코발트 프리' 배터리 개발 계획을 발표했다. 바스프는 ESG 관련 공급업체 행동강령을 제정하고 전 세계 협력사에 해당 나라의 언어로 제공하는 등의 노력을 기울였다.

19 ESG 경영과 태양광

| ESG 경영을 촉진하는 태양광발전

앞에서 RE100과 CF100을 달성하는 대표 전원으로 태양광과 원자력을 언급했다. 여기서는 기업의 ESG 경영 중 전력·에너지 운영에 대해 원자력보다 보편적으로 상용화된 태양광발전을 중심으로 살펴본다.

태양광발전으로 생산한 전기를 직접 사용하거나 간접적으로 구매하는 것은 RE100이나 CF100을 달성할 뿐만 아니라 기업의 ESG 경영에도 긍정적인 영향을 미친다. 분야별로 살펴보면 다음과 같다.

첫째, 환경적(Environmental) 측면에서 볼 때 태양광발전은 전력 생산 과정에서 탄소(온실가스)를 배출하지 않으므로, 기업의 탄소 발자국을 줄일 수 있다. 태양광발전을 통해 생산된 전기를 직접 사용하거나 재생에너지 사용인증서(REC)를 구매해 간접적으로 재생에너지를 활용함으로써 기업은 친환경 에너지 사용 비율을 높일 수 있다. 이는 지속 가능한 에너지 전환을 촉진하고 기후변화 대응에 이바지하며 기업의 환경적 책임을 다하는 것으로 평가받을 수 있다.

둘째, 사회적(Social) 측면에서 볼 때 태양광발전 시설을 구축함으로써 지역 일자리 창출과 경제 활성화에 이바지할 수 있다. 또한 기업의 사회적 책임을 다하는 모습을 지역사회에 보임으로써 지역사회와의 신뢰를 강화할 수 있다. 환경 보호에 앞장서는 기업 이미지를 구축해 지역사회뿐만 아니라 소비자와 투자자에게 긍정적으로 작용한다. 이는 자연스럽게 기업의 브랜드 가치 상승과 시장 경쟁력 강화로 이어진다.

셋째, 지배구조(Governance) 측면에서 볼 때 재생에너지 사용과 관련된 정보를 투명하게 공개하고, ESG 목표 달성을 위한 명확한 전략을 수립한다면 기업의 지배구조를 오히려 공고히 다질 수 있다. 투자자와의 신뢰를 강화하며 장기적으로 기업 가치를 향상하는 데 이바지할 수 있다.

이렇게 기업의 태양광발전을 통한 전력 사용은 ESG 경영의 각 분야에 긍정적인 영향을 미치며, 지속 가능한 경영을 위한 핵심 전략 중 하나로 자리매김하고 있다.

태양광으로 실현하는 ESG 경영: PPA와 자가발전

앞의 제3장에서 RE100을 실현하는 방법으로 소개한 녹색요금제와 REC, PPA와 자가발전은 기업이 태양광발전으로 ESG 경영을 실천하는 방법이기도 하다. 여기서는 이 중 전력을 직접 조달하는 방법을 중심으로 알아보자.

먼저 PPA의 네 가지 유형을 보면 첫째, 물리적 PPA는 재생에너지 발전사업자가 생산한 전기를 계약한 기업에 직접 공급한다. 주로 대규모 전력 소비 기업들이 재생에너지 사용을 확대하고 전력 비용을 장기적으로 낮추기 위해 사용한다.

둘째, 가상 PPA는 재생에너지 발전사업자가 기업에 실제 전기를 공급하지 않고 전력 가격을 기준으로 재생에너지 생산에 관한 금전적 정산 계약을 체결하는 방식이다. 기업은 여전히 일반 전력을 사용하고 재생에너지 공급인증서(REC)를 이용해 ESG 목표를 달성하며, 전력 시장에서 가격 변동으로 인한 손해를 상쇄하는 수단으로도 활용한다.

셋째, 직접 PPA는 기업이 재생에너지 발전사업자와 계약을 체결해 전력망을 거쳐 전력을 공급받는 방식이다. 우리나라에 2021년 도입된 이 방식은 기업이 직접 발전소를 소유하거나 운영하지 않아도 재생에너지를 활용할 수 있다.

넷째, 제3자 PPA는 재생에너지 발전사업자와 기업이 직접 계약하지 않고 둘 사이에 한국전력공사와 같은 중개사업자가 개입해 전력을 거래한다. 기업이 초기 투자 비용 없이 재생에너지를 활용할 수 있는 방식이다. 우리나라에는 2021년 도입되어 여러 기업이 이를 활용해 재생에너지 사용을 확대하고 있다.

이밖에 국내에서 각 사업장에 직접 태양광발전 설비를 설치하는 기업의 사례도 늘고 있다.

생활가전 구독 서비스기업인 코웨이는 2022년 매트리스 제조 자회사인 아이오베드의 공장 옥상에 800kWh 규모의 태양광발전소를 설치해 공장 가동에 필요한 전력을 충당하며, 유구·인천·포천공장과 유구 물류센터 등에서 총 1,182kWh 규모의 태양광발전소를 운영하고 있다.

태광그룹 섬유·석유화학 계열사인 태광산업은 2023년 울산공장 내 직원 주차장 부지를 활용해 햇빛이나 비를 가리는 기능을 겸한 자가소비용 1MW급 태양광발전소를 설치했다.

끝으로 반도체 클린룸 설비와 태양광 모듈을 제조하고 기업의 RE100 추진을 지원하는 신성이엔지는 용인사업장에 630kW 규모의 태양광발전소와 1,000kWh 용량의 에너지저장장치(ESS)를 설치했다. 용인사업장은 전력의 자급자족을 현실화하고, 전기요금과 이산화탄소 배출 제로(0)를 달성해 에너지 자립을 목표로 한 마이크로그리드 공장으로 설계됐다. 2024년 사업장의 태양광발전소에서 만든 전기로 공징의 40%를 운영하고, 앞으로 발전설비를 증설해 60% 이상으로 상향할 예정이다. 장기적으로는 오프사이트 PPA와 REC 구매 등의 방법으로 2050년까지 RE100을 이행할 계획이다.

용인사업장은 신성이엔지가 태양광발진 설비 제조·설치 기술과 RE100 정책을 마스터하고 추진하는 기업 RE100 지원사업의 실험장이며, 자체 생산한 재생에너지로 마이크로그리드 사업을 성공적으로 운영하는 대표적인 스마트공장이다. 이곳에서 반도체 클린룸 장비를 생산하는 로봇들은 모두 태양광 전기로 가동하고 있다. 1층 입구에는 RE100 상황을 실시간으로 알 수 있는 모니터링 시스템을 설치해 현재 전력사용량, 태양광 발전량, 절감된 전기요금을 바로 파악할 수 있다. 실제 하루 태양광발전 시간은 평균 3~4시간으로 공장 운영시간과 꼭 맞지 않아 ESS에 전기를 저장해 필요할 때 쓴다. 이때도 모니터링 시스템으로 전기를 가장 저렴하게 사용하는 방법을 계산한다. 또한 직원들은 용인사업장

• 신성이엔지 용인사업장

에서 태양광발전으로 전기차를 무료 충전한다.

보통 설치 후 20년을 운영 기간으로 잡는 태양광발전 설비는 100kW 이상 규모라면 사업 허가부터 설치까지 상황에 따라 수년이 걸릴 수도 있다. 부지 소유권이나 설치 문제와 관련해 인근 주민과 협의가 필요할 수 있기 때문이다. 그러나 기업이 소유한 부지에 태양광발전 설비를 설치한다면 주민과의 협의 과정을 최소화할 수 있다.

이처럼 다양한 PPA 방식과 자체 태양광발전 설비 설치를 통해 국내외 기업들은 재생에너지 사용을 확대하며 ESG 경영을 실천하고 있다. 기업의 지속 가능성을 향상하고 전 세계적인 탄소 배출 감소에 이바지하며 기후변화에 대응하는 인류 공동의 움직임에 동참하고 있다.

에필로그

태양광 선언을 넘어
무탄소 선언으로

　필자는 2016년 졸저 『태양광 선언: 전기 자급자족 시대의 에너지 경제』를 통해 태양광·풍력의 재생에너지가 지구를 되살리는 유일한 대안이며 인간이 전력을 자급자족하는 새로운 시대가 열렸음을 선언했다. 그 후로 시간이 10년 가까이 흐른 지금 우리를 둘러싼 지구의 기후변화 양상과 에너지 환경, 그리고 탄소중립을 위한 에너지 기술과 기업의 노력은 그 양적·질적 차원에서 크게 달라졌다. 따라서 이렇게 달라진 시대의 흐름을 짚어보고 아직 끝나지 않은 2050년 탄소중립을 향한 여정의 이정표를 새롭게 정립하고자 이 책을 다시 썼다.

　서두에서부터 우리는 지구 기후변화에 대응하고 탄소중립을 실현하기 위해 지금까지 인류가 노력한 과정과 구체적인 방법을 살펴보았다. 화석연료가 지구온난화를 가속화하고 인류 생존에 부정적인 기후변화를 일으키는 데 반해 저탄소·재생에너지는 탄소중립에 이바지함을 확인했다. 그러나 에너지원들이 가진 각자의 장단점과 나라마다 다양한 경제·산업 환경 속에서 오늘날 세계 각국은 각 에너지원에 서로 다른 역할을 부여하고 그 특성을 충분히 활용하면서 탄소 배출이 적은 에너지원의 비중을 늘리기 위해 노력하고 있다.

2015년 파리협정을 통해 모든 나라가 자발적으로 기후변화 대응에 동참하는 기반이 마련되었고, 우리나라와 선진국의 정부와 기업은 재생에너지 기술 개발, 전기차 보급 확대, 산업 전환, 탄소 포집 기술(CCS) 개발에 주력하고 있다. 그런 가운데 태양광발전은 화석연료보다 더 낮은 비용으로 전력을 생산하고 패널의 에너지 효율도 계속 향상하고 있으며, 원자력도 SMR이라는 새로운 형태로 더욱 안전해지고 적은 에너지 수요에 대응할 수 있는 혁신을 거듭하고 있다.

탄소중립을 실현하기 위한 전 세계 기업들의 자발적 캠페인인 RE100과 CF100이 활성화되고 있다는 점도 그 실행 과정과 방법·과제를 통해 살펴보았다. RE100의 목표가 기업에서 사용하는 전기를 100% 재생에너지로 충당하는 것이라면, CF100은 더욱 엄격하게 기업이 24시간 100% 무탄소 에너지로 전기를 충당하는 것을 목표로 하고 있다. 이 둘을 비교하면서, 우리는 RE100과 CF100 중 한쪽이 옳거나 우월하고 다른 쪽이 잘못됐거나 열등한 것이 아님을 알 수 있었다. 둘은 마치 인류가 저 바다 건너 탄소중립이란 목적지로 가기 위해 타야 하는 서로 다른 모양의 멋진 배와 같다. 인류는 탄소중립에 도달할 때까지 이 두 배를 서로 갈아타면서 시간과 지역마다 다른 '에너지 환경'이란 이름의 거친 파도를 헤쳐 나갈 것이다.

또한 RE100을 실현하는 재생에너지의 대표 전원 태양광과 CF100을 실현하는 신에너지의 대표 전원 원자력! 이 둘은 서로 대립하는 것이 아니라 서로를 보완하며 더욱 안전하고 효율적으로 탄소를 배출하지 않는 깨끗한 에너지원으로 거듭나야 한다는 것을 알 수 있었다.

한편 자본주의 사회에서 오랫동안 강조되어 온 기업의 사회적 책임은 2000년대 ESG 경영으로 발전해 오늘날 기업의 생존과 지속 가능한 성장을 이끄는 등대가 되어 탄소중립으로 향하는 길을 자연스럽게 비추고 있다.

지금은 2050년 탄소중립 달성을 위해 화석연료와 재생에너지가 공존하는 과도기를 살고 있다. 이 시점에서 우리의 목표는 화석연료와 결별하고 태양광·풍력 등 재생에너지와 원자력·수소 등 신에너지를 아우르는 무탄소 에너지로 세상을 밝히는 '무탄소 시대'를 열어가는 것이다.

이제 탄소중립으로 실현하는 지속 가능한 지구를 만들어 다음 세대와 나누기 위해 우리 모두 긴 호흡과 안목, 그리고 보다 다양한 수단을 갖고 함께 노력해야 할 때이다.

    지금까지 이 여정에 함께해 주신 여러분의 동행에 감사드리며, 앞으로의 남은 머나먼 여정에도 동참해 주실 것을 권해드리는 바이다.

부록

주요 용어 소개

■ CF100(Renewable Energy 100%)

무탄소 에너지(Carbon Free) 100%의 약자로, 기업이 사용하는 전력의 100%를 태양광·풍력·수력 등 재생에너지와 원자력·연료전지·청정수소를 포함한 무탄소 에너지로 조달해 전력 부문에서 탄소를 완전히 제거한다는 목표를 가진 글로벌 캠페인이다.

■ ESG(Environmental, Social and Governance) | 환경·사회적 책임·지배 구조

2004년 유엔글로벌콤팩트(UNGC)가 발표한 보고서에서 처음 사용되었으며, 2020년 코로나19 확산을 계기로 기업의 지속가능성과 미래 성장 가치를 평가하는 기준이 되었다. 우리나라에서는 사단법인 한국ESG기준원에서 국내 상장회사를 대상으로 ESG 평가를 수행하고 있다.

■ RE100(Renewable Energy 100%)

재생에너지(Renewable Energy) 또는 재생에너지 전기(Renewable Electricity) 100%의 약자로, 기업이 사용하는 전력의 100%를 태양광·풍력 등 재생에너지로 조달하겠다는 목표를 가진 글로벌 캠페인이다. RE100을 실현하는 방법은 크게 녹색요금제, 재생에너지 공급인증서(REC), 전력 구매 계약(PPA), 자가발전의 네 가지가 있다.

■ 가상발전소 | VPP: Virtual Power Plant

다양한 유형으로 분산된 에너지 자원을 하나의 발전 프로파일로 통합해 운영상의 유연성(flexibility)과 제어성(controllability)을 가지게 하는 가상의 발전소다. 각 소규모 분산형 자원을 가상발전소에서 처리하면 중앙급전발전기 운영과 유사한 형태로 발전량 계획, 증·감발률 전압 제어 능력, 예비력 등을 활용할 수 있고, 나아가 전력시장에서 전력 거래도 가능해진다.

가상발전소에 활용되는 설비는 축전지, 전기차, 공조기기, 가정용 히트펌프, 각종 축열시스템 등이 있다. 가상발전소에는 각 에너지 자원에 신호를 보내 작동시키는 플랫폼이 필요하며, 신호의 표준화나 정보 보안 대책도 마련되어야 한다.

■ 건물일체형태양광 | BIPV: Building Integrated Photovoltaic System

건물 일체형 태양광 모듈을 건축물 외장재로 사용하는 태양광 발전 시스템이다. 전기 에너지를 생산하는 동시에 지붕, 파사드, 유리창, 블라인드 등 건물 외측부와 결합해 하나의 건축자재로 사용된다. 건물 일체형 태양광발전은 건물 에너지 자급률 향상, 건설기자재 비용 절감, 환경친화적 외장으로 건물 가치 향상, 에너지 비용 절감 등의 효과가 있다.

■ 고체 산화물 연료전지 | SOFC: Solid Oxide Fuel Cell

전해질로 고체 산화물인 이트륨옥사이드(Y_2O_3)로 도핑된 지르코늄 옥사이드(ZrO_2)를 많이 사용하는 연료전지다. 공기극에서 연료극으로 산소 음이온이 이동한다. 연료전지 중 가장 높은 온도(700~1,000°C)에서 연료전지 반응이 이루어진다.

■ 교토의정서 | Kyoto Protocol

1997년 12월 11일 일본 교토 국립교토국제회관서 개최된 지구온난화 방지 교토 회의(COP3) 제3차 당사국 총회에서 채택되었고 2005년 2월 16일 발효되었다. 정식 명칭은 '기후변화에 관한 국제 연합 규약의 교토의정서(Kyoto Protocol to the United

Nations Framework Convention on Climate Change)'다. 교토 의정서는 온실효과를 불러오는 이산화탄소 등 6종의 감축 대상 가스(온실기체)의 배출 감소 목표를 지정했다. 2008년부터 2012년까지 선진국 전체의 온실가스 배출량을 1990년 수준 대비 최소 5.2%p 이하로 감축할 것을 목표로 했다.

■ 균등화발전비용 | LCOE: Levelized Cost Of Electricity

연도별로 불규칙하게 발생하는 발전량과 비용(건설비, 연료비, 운전유지비 등)을 화폐의 시간적 가치를 고려해 일정 시점에서 할인하는 방식으로 균일하게 등가화해 산정한 원가를 말한다. 주로 발전소 건설 사업의 경제성 평가 등 발전원 간 비교 분석을 위해 사용된다.

■ 그리드 패리티 | Grid Parity

태양광발전을 비롯한 재생에너지의 발전 비용이 화력발전 비용과 동등하거나 더 저렴한 수준이 되는 것을 말한다.

■ 그린수소 | Green Hydrogen

수소 생성 과정에서 이산화탄소의 발생량을 색으로 표현하는 경우가 있다. 화석연료인 석탄이나 천연가스를 사용하는 '브라운

수소'와 '그레이수소'는 이산화탄소를 제일 많이 발생시킨다. 천연가스와 이산화탄소 포집 설비를 이용하는 하이브리드형 수소는 '블루수소'라고 불리며, 재생에너지만 이용하는 수소를 '그린수소'라 한다. 그린수소의 이산화탄소 발생량은 제로(0)다.

■ 녹색요금제(녹색프리미엄제)

전력회사가 공급하는 재생에너지를 일반 전기 요금보다 비싸게 판매하는 제도다. 기업이 이 제도를 이용하면 재생에너지 사용을 인정받고 판매 이익을 재생에너지에 재투자할 수 있게 된다. 녹색요금제는 최근 기업이 RE100을 이행하는 수단 중 하나로 주목받고 있다.

■ 다보스포럼(세계경제포럼) | Davos Forum(World Economic Forum)

매년 1월 말 5일간 스위스의 세계적 휴양지인 다보스에서 열리는 세계경제포럼이다. 세계 각국의 거대 기업 회장 및 각료급 이상 인사와 학자가 범세계적 당면 과제를 토론하고 국제적 실천 과제를 모색한다. 다보스포럼은 연차총회 외에도 지역별 회의와 산업별 회의를 운영하면서 세계무역기구(WTO)나 서방 선진 7개국(G7) 회담 등에 막강한 영향력을 행사한다.

■ 데이터센터 | Data Center

검색·쇼핑·게임·교육 등 인터넷상의 방대한 정보를 저장하고 웹사이트에 표시하기 위해 서버 컴퓨터 수만 대를 한 장소에 모아 안정적으로 관리하는 시설을 말한다. 데이터센터는 1일 24시간, 1년 365일 중단 없는 서비스를 제공하기 위해 전력 공급과 인터넷 연결·보안이 안정적이어야 한다. 이를 위해 건물 층마다 사용자 그룹별로 케이지(cage)와 여러 개의 랙(rack)을 설치하고, 랙에는 스위치(switch)를 두어 여러 대의 서버 컴퓨터를 연결한다. 서버 컴퓨터에서 방출하는 열기로 인한 서버 손상을 막기 위해 대용량 냉각 장치 등 항온·항습 장치를 설치하기 때문에 많은 전력을 사용한다.

■ 리튬이온전지 | Lithium ion Battery

이차전지 중 하나로 리튬이온이 전해액을 매개로 양극과 음극 사이를 이동하면서 충전과 방전을 반복한다. 에너지 밀도가 높고 효율이나 수명 등이 우수해 휴대용 전자 기기, 자동화 시스템, 전기차 등 다양한 분야에서 활용되고 있다. 리튬이온전지는 크게 양극·음극·전해질로 나눌 수 있으며 각각 어떤 물질을 사용하느냐에 따라 전지의 전압·수명·용량·안정성 등이 크게 바뀔 수 있다. 최근에는 나노 기술을 응용해 전지의 성능을 높이고 있다.

■ 마이크로그리드 | Microgrid

대형 발전소와 기간 송배전망으로 구성된 전통적 중앙집중식 전력망에 대비되는 개념으로, 일정한 구역 내에서 소규모 재생에너지 자원이나 제어 가능 자원을 조합해 구역 내 수용가에 전력을 공급하는 소규모 전력망을 말한다. 우리나라에서는 '특정 지역 안에서 자체적으로 전력 생산과 소비를 할 수 있도록 구축한 일반 전력망에 비해 규모가 작은 전력계통'이라고 정의하고 있다. 미국 에너지부(DOE)는 '명확히 정의된 전기적 범위 안에서 상호 연결된 '수용가'와 '분산 에너지 자원의 그룹으로 계통에 대해 하나의 제어 가능한 개체(entity)이며, 계통과 연결 운전 또는 독립적 운전이 가능한 전력망'이라고 정의하고 있다. 마이크로그리드의 주된 기능은 기간 계통이 접근하기 힘든 원격지에 전력을 자체 공급하거나 구역 내의 에너지 공급 안정성과 품질을 높이는 것이다. 마이크로그리드와 유사한 용어로 미니그리드, 피코그리드가 있다.

■ 바이오연료 | Biofuel

바이오매스를 연소 또는 생물학적 처리 공정을 통해 제조한 액체나 가스 형태의 연료를 말한다. 대표적인 바이오연료로 바이오디젤과 바이오에탄올이 있다.

■ 발전효율 | Generation Efficiency

발전기에 투입하는 에너지에 대한 발전량 비율을 말한다. 화력발전의 경우 발전기나 원동기에 투입하는 열에너지에 대한 전기에너지 비율을 발전단열효율(Generation Adiabatic Efficiency)이라고 하며 투입 에너지에 발전 시설에서 소비되는 에너지를 포함하는 경우 송전단열효율이라고 한다. 예를 들어 화력발전의 발전효율은 45~50% 정도지만 보일러 등에서 발생하는 열손실이 더해지는 발전단열효율은 39~43% 정도가 된다. 나아가 투입 열에너지의 3~8% 정도가 발전 시설 전체의 운용에 소요되므로 송전단열효율은 37~41% 정도로 더 떨어진다. 일반적으로 화력발전소의 발전효율은 송전단열효율을 가리키는 경우가 많다.

■ 부하 | Load

전력 시스템에서 부하는 전력(동력) 소비를 뜻한다. 전열기 같은 저항일 수 있고, 가전제품이나 공장의 각종 전동기일 수 있으며, 용접기 같은 전류일 수 있디.

■ 빅데이터 | Big Data

디지털 환경에서 생성되는 데이터로 수치·문자·영상을 포함한다. 따라서 그 규모는 통상 사용하는 데이터 수집·관리·처리 소프트웨어의 수용 한계 이상으로 방대하고 생성 주기가 짧다. 빅데이터는 데이터의 양(volume), 생성 속도(velocity), 형태의 다양성(variety)에서 특징을 보이므로 3V로 일컬어졌는데, 최근 가치(value)와 복잡성(complexity)을 더하기도 한다. 비즈니스, 질병 예방, 범죄 방지, 실시간 도로 교통 상황 판단, 기상 예보 등 다양한 분야에 활용될 것으로 기대된다.

■ 소형모듈원자로 | SMR(Small Modular Reactor)

기존 대용량 발전 원자로보다 작은 300MWe 이하의 전기 출력과 모듈식 설계를 채택한 원자로를 의미한다. 안전성을 강화하고 유연한 입지와 출력으로 인해 탄소중립 달성의 주요 수단으로 주목받고 있다.

■ 스마트그리드 | Smart Grid

'지능형 전력망'으로도 불린다. 기존 전력망에 정보통신 기술을 적용해 전기 공급자와 사용자가 실시간으로 정보를 교환하는 등의 방법으로 고효율·고품질·고신뢰도의 전력을 공급하고 에너지 이용 효율을 극대화하는 차세대 전력망이다. 스마트그리드는 스마트시티의 핵심 기술 중 하나로, 분산형 에너지 자원과 첨단 전력 운용 기술을 활용해 전력 수급 제어 자동화·최적화, 공급 신뢰도 향상, 전력망 설비 투자 최적화 등 다양한 목적을 추구한다.

■ 스마트미터 | Smart Meter

스마트그리드나 수요 반응의 핵심 요소로 전력 사용량 검침과 요금 징수 업무에 필요한 쌍방향 통신 기능이나 원격 개폐 기능을 가진 전자식 미터를 말한다. 스마트미터를 포함하는 지능형 전력 계량 인프라(AMI)와 혼용하기도 한다. 스마트미터는 정해진 짧은 시간 간격으로 수용가의 사용 전력량을 계측하거나 전력 설비 간 통신을 가능하게 한다. 스마트미터로 계측한 사용 전력 데이터 등은 송배전 사업자에게 보내진다. 또한 이 데이터는 실시간으로 수용가에도 보내지는데, EMS를 통해 사용 전력량이나 전기 요금 등을 시각화하며 기기를 제어한다.

■ 에너지관리시스템 | EMS: Energy Management System

정보통신 기술을 이용해 건물·공장 등에서 사용하는 전력량을 시각회하고, 절전을 위해 기기를 제어하며, 태양광발전이나 축전지를 관리하는 시스템이다. 가정·사무실·빌딩·지역 등 관리 대상에 따라 HEMS(홈 에너지관리시스템), BEMS(빌딩 에너지관리시스템), CEMS(커뮤니티 에너지관리시스템) 등으로 분류된다. 한편 전력회사에서 전력 시스템 전체를 관리하는 에너지관리시스템은 에너지 감시 제어 시스템(SCADA)으로 불리는데, 자동 발전 제어(AGC) 장치를 갖추고 중앙 컴퓨터를 이용해 발전·송변전·배전 등 전력 시스템 전체를 제어한다.

■ 에너지저장장치 | ESS: Energy Storage System

에너지를 효율적으로 사용하도록 저장·관리하는 시스템이다. 장치 혹은 물리적 매체를 이용해 에너지를 저장하는 부분과 이를 제어·관리하는 부분으로 구성된다. 리튬이온전지, 납축전지, NaS전지 같은 이차전지를 이용한 배터리 에너지저장장치(BESS: Battery Energy Storage System)가 대표적이다. 이 외에도 양수발전, 플라이휠저장, 압축공기저장장치(CAES), 초전도에너지저장(SMES) 등이 있으나 BESS와 양수발전 외에는 보편적 상용화에 한계가 있다.

■ 에너지 전환

에너지 절약과 재생에너지 중심의 에너지 체계로 변화하는 것을 말한다. 에너지 전환의 대표 전략은 최종 소비의 전력화, 전력의 재생에너지화를 들 수 있다. 에너지 전환은 에너지 안보 강화, 기후변화 및 환경 문제 해결, 관련 산업 발전 및 일자리 창출 등 국가의 지속 가능한 발전을 목표로 한다.

■ 열효율 | Heat Efficiency

연료가 가진 화학 에너지(발열량)를 발전에 얼마나 유효하게 이용했는지를 백분율로 나타낸 것이다. 발전소의 열효율은 연소실 열효율, 터빈 열효율, 발전단 열효율, 송전단 열효율로 분류되나, 한전은 주로 발전단 열효율을 일반적 열효율로 사용하고 있다. 발전단 열효율은 발전소에서 전력 1kWh(860kcal)를 생산하기 위해 투입된 연료의 발열량과 단위 열량(860kcal)의 비율을 말한다.

■ 유엔기후협약 | UNFCCC: United Nations Framework Convention on Climate Change

1992년 브라질 리우데자네이루에서 개최된 유엔환경개발회의(UNCED)에서 채택되어 1994년 3월 발효된 국제협약이다. 195개국과 유럽연합(EU)이 가입하고 있으며 우리나라는 1993년 12월 가입했다. 주요 기구로 당사국 총회(COP, Conference of Parties)와 산하 상설 부속기구 및 협약 사무국 등이 구성되어 있다.

■ 유엔기후협약 당사국 총회 | COP: Conference of the Parties of the UNFCCC

지구온난화로 인한 장기적 피해를 줄이기 위해 1992년 유엔환경개발회의에서 기후변화협약을 체결한 후 구체적인 이행 방안을 논의하기 위해 매년 개최하는 당사국의 회의를 일컫는다. 1995년 3월 독일 베를린에서 제1차 총회가 열렸다.

■ 유엔환경계획 | UNEP: United Nations Environment Programme

유엔이 산하에 창설한 환경 문제 전담 국제기구다. 지구 환경을 감시하고, 각국 정부를 비롯한 국제 사회의 환경 변화에 관한 적절한 조치를 도우며, 환경 정책의 국제적 합의를 이끈다. 세계 환경 활동의 기반이 되는 기후변화에 관한 정부 간 협의체(IPCC) 보고서를 출간하고 국제환경회의를 개최한다.

■ 인공지능 | AI: Artificial Intelligence

인간의 두뇌 활동을 대신하는 컴퓨터 프로그램 기술이다. '기계가 대량 지식 데이터에 대해 고도의 추론을 정확히 하는 것'을 목표로, 인간의 지적 행위를 다양한 소프트웨어와 기술로 재현한다. 따라서 인공지능의 처리 능력은 단순 연산뿐만 아니라 자연언어 이해, 자기 학습에 의한 응용 등 인간의 사고에 가까운 유연성과 발전성을 갖춰야 한다. 20세기 중반부터 연구개발이 진행되어 최근에는 심층학습(deep learning)에 의한 기계학습(machine learning)으로 빠르게 발전하고 있다.

■ 자가소비

태양광발전 등에 의한 잉여 전력을 축전지 등에 저장했다가 필요할 때 방전해 스스로 소비하는 것을 말한다.

■ 재생에너지 공급인증서 | REC: Renewable Energy Certificate

적합한 재생에너지 자원으로 전기를 생산하고 전력선을 통해 전달되었음을 증명하는 인증서다. 이 인증서는 판매·거래·교환이 가능하며 재생에너지 공급인증서 소유자는 이를 통해 구매를 주장할 수 있다. 재생에너지 공급인증서는 재생에너지의 환경적 특성을 평가해 일반 전기 상품과 별개로 판매된다. 전통적인 탄소배출권 거래 프로그램이 배출량 목표를 달성하기 위한 벌금과 인센티브로 사용되는 반면 재생에너지 공급인증서는 재생에너지 자원으로 생산된 전기에 보조금을 제공하는 인센티브다.

■ 재생에너지 자원 | RES: Renewable Energy Source

고갈되지 않고 지속적으로 사용할 수 있는 에너지로 태양광·태양열·풍력·수력·바이오에너지·지열·조력·파력 등이 있다.

■ 전고체전지 | Solid-state Battery

　전고체전지는 배터리의 양극과 음극 간 이온을 전달하는 전해질을 액체 대신 세라믹 등 고체 물질을 써서 전고체화한 전지다. 액체 전해질의 기존 리튬이온전지보다 에너지 밀도가 높아 고출력을 발생하며 급속충전도 가능하다. 액체 전해질은 가연성이고 액체가 누출될 우려가 있는데 고체 전해질은 이러한 위험에 상대적으로 안전하다. 또한 리튬이온전지는 전지 여러 개를 직렬로 연결해야 에너지 밀도가 높아져 큰 공간이 필요하지만 전고체전지는 전지 하나에 전극과 고체 전해질을 층층이 연결해 크기를 줄일 수 있다. 2010년 도요타가 황화물 전해질을 사용한 배터리 시제품을 공개하면서 연구가 활기를 띠었다. 현재 소재 후보군인 황화물·산화물·고분자 중 황화물 소재가 가장 앞선다.

■ 전기차 | EV: Electric Vehicle

　차량에 탑재된 축전지에 충전된 전력으로 전동기를 구동해 주행하는 자동차다. 순수 전기차인 EV 외에 하이브리드형인 하이브리드차(HEV: Hybrid Electric Vehicle), 플러그인 하이브리드차(PHEV: Plug-in Hybrid Electric Vehicle)가 있다. 트롤리버스와 같은 무궤도 차량(railless car)은 전기차와 구별된다.

■ 전기차 충전소

전기차나 플러그인 하이브리드차의 배터리를 충전하는 곳으로, 주유소처럼 도로에 인접해 설치되며 고출력 급속 충전소와 일반 충전소가 있다. 무선 충전 방식도 실용화되고 있다.

■ 전력 구매 계약 | PPA: Power Purchase Agreement

전력 생산자(주로 소규모)와 전력회사가 전력시장을 거치지 않고 일정 기간 계약 조건에 따라 전력을 거래하는 쌍방 계약을 말한다. 우리나라는 민간 독립 발전 사업자(IPP)나 소규모 재생에너지 발전을 하는 프로슈머가 전력시장(전력거래소)을 통하지 않고 한전과 직접 전력 거래 계약을 체결해 전력을 거래한다. 최근에는 RE100 이행 방안 중 하나로 주목받고 있다.

■ 전력수급기본계획

우리나라의 전력수급기본계획은 에너지 기본계획의 하위 계획 중 가장 중요한 것으로 중장기 전력수요 전망과 이에 따른 전력 설비 확충을 위해 「전기사업법」 제25조에 따라 2년 주기로 수립된다. 15년의 장기 계획이며 주요 내용으로 직전 계획 평가, 장기 수요 전망, 수요 관리 목표, 발전 계획, 송·변전 설비 폐지 및 증설 계획, 온실가스 감축 노력 등이 포함된다. 이 중 발전소의 건설

규모·시기·장소·에너지원(원자력·화력·재생에너지 등)에 관한 계획이 가장 중요하며, 에너지원별 발전 비중을 정하기 때문에 정부와 국민의 관심이 매우 크다.

■ 정전 | Power Outage

정전은 어느 지역에 일시적 또는 장기적으로 전력 공급이 중단되는 것을 말한다. 정전의 종류로 순간 정전(과도 정전, transient fault), 브라운아웃(brownout), 블랙아웃(blackout), 순환 정전(rolling blackouts) 등이 있다.

■ 중개사업자 | Aggregator

'Aggregator'는 여러 대상을 합쳐 일괄 처리해 규모를 크게 만든 후 거래 상대에게 서비스를 제공하는 사업을 의미하며, 전력시장에서는 중개사업자를 일컫는다. 중개사업자는 수용가의 분산형 에너지 자원(DER)을 인센티브 조건으로 관리하고, 수요 반응이나 가상발전소(VPP)에서 얻은 전기를 모아 소매전기 사업자나 송배전 사업자 등에게 제공하며, 전력거래소를 통해 시장 거래에 참여한다.

■ **지능형 전력 계량 인프라 | AMI: Advanced Metering Infrastructure**

스마트 계량의 원격 양방향 통신을 사용해 전력 사용량을 전력회사와 소비자가 서로 모니터할 수 있어 수요 반응 등에 활용된다. 스마트미터와 동의어로 쓰이는 경우가 많다.

■ **탄소정보공개프로젝트 | CDP: Carbon Disclosure Project**

영국 파이낸셜타임스(FT) 글로벌 500 등 전 세계 주요 상장기업의 이산화탄소 또는 온실가스 배출 정보와 쟁점에 관해 장·단기적인 관점의 경영 전략을 요구·수집해 연구·분석·평가하는 범세계적 비영리 기구다. 본사는 영국에 있으며 2000년 35개 유럽 권역 투자가의 후원으로 출범했다. 우리나라는 탄소정보공개프로젝트 한국위원회에서 시가 총액 상위 200대 기업의 환경 정보를 조사하고 있다.

■ **탄소 발자국 | Carbon Footprint**

개인·기업·국가 등이 활동하거나 상품을 생산·소비하는 과정에서 발생시키는 온실가스, 특히 이산화탄소의 총량을 의미한다. 일상생활에서 사용하는 연료·전기·용품 등을 모두 포함한다. 탄소 발자국은 무게 단위인 kg 또는 실제 광합성으로 감소시킬 수 있는 이산화탄소의 양을 나무의 수로 환산해 표시한다. 탄소 발자국 표시는 기후변화의 원인 중 하나로 제시되는 이산화탄소의 발생량을 감소시키고자 주요 선진국에서 시행 중이다. 우리나라도 2009년부터 제품의 제작·유통 과정에서 발생하는 이산화탄소 배출량을 제품에 표기하고 있다.

■ 탄소배출권

이산화탄소 등을 배출할 수 있는 권리로 이산화탄소 배출량을 돈으로 환산해 시장에서 거래하도록 한 것이다. 탄소배출권은 배출권거래제를 통해 시장에서 거래될 수 있으며, 탄소배출권을 매매한 돈은 삼림 조성 등 이산화탄소 흡수량을 늘리는 데 사용된다.

■ 탄소중립 | Carbon Neutral

기업이나 개인이 발생시킨 이산화탄소 배출량만큼 이산화탄소 흡수량도 늘려 실질적인 이산화탄소 배출량을 0(zero)으로 만든다는 개념으로 이산화탄소 총량을 중립 상태로 만드는 것이다. 탄소중립을 실행하는 방법으로 이산화탄소 배출량에 상응하는 규모의 숲을 조성해 산소를 공급하는 방법, 화석연료를 대체할 수 있는 태양광·풍력 등 재생에너지를 확대하는 방법, 이산화탄소 배출량에 상응하는 탄소배출권을 구매하는 방법 등이 있다.

■ 탄소 포집 저장 | CCS: Carbon Capture & Storage

화석연료를 사용하는 발전소, 철강·시멘트 공장 등에서 배출되는 다량의 이산화탄소를 배출 전 고농도로 모은 후 압축 수송해 저장하는 기술이다. 탄소 포집 저장 중 이산화탄소 포집은 전체 비용의 70~80%를 차지하는 핵심 기술이다.

포집된 이산화탄소는 해양·지중·지표 등에 저장할 수 있다. 이 중 대표적인 지중 저장은 육상 혹은 해저 깊은 지층에 이산화탄소를 저장하며, 저장소 위치에 따라 폐유정·가스전 저장, 폐석탄층 저장, 대수층 저장 등이 있다.

■ 파리협정(파리기후변화협약) | Paris Climate Change Accord

1997년 채택된 교토의정서를 대체한 기후변화협약이다. 2015년 12월 12일 프랑스 파리에서 열린 제21차 유엔기후변화협약 당사국 총회(COP21)에서 발표되었고 2016년 4월 22일 174개국과 유럽연합이 서명했다. 파리협정은 선진국뿐만 아니라 모든 나라가 자발적으로 동참하는 기반을 마련한 첫 번째 국제적 합의이다. 장기 목표는 산업화 이전보다 시구 평균기온 상승을 2°C 이하로 유지하고 1.5°C 이하로 제한하기 위한 노력을 추구하는 것이다.

■ 페로브스카이트 태양전지 | PSC: Perovskite Solar Cell

무기계와 유기계의 장점을 결합한 하이브리드형 태양전지의 일종이다. 페로브스카이트 구조는 러시아 광물학자 레프 페롭스키가 천연 광석인 티탄산칼슘($CaTiO_3$)에서 처음 발견했다. 페로브스카이트 태양전지는 페로브스카이트와 실리콘 반도체를 다중으로 적층해 기존 단일 실리콘 태양전지에서 전력으로 전환하지 못한 태양광을 최대한 활용한다.

■ 플러그인 하이브리드차 | PHEV: Plug-in Hybrid Electric Vehicle

하이브리드차 중 전원과 접속해 충전하는 대형 배터리를 갖춘 자동차를 일컫는다. 전기만으로 주행하는 거리가 길어져 단순 계산으로는 연비(주행 거리/투입 화석연료)가 높고 이산화탄소 배출량이 적다. 반면 대형 배터리로 인해 차량 가격이 상대적으로 높다.

■ 하이브리드차 | HEV: Hybrid Electric vehicle

2개 이상의 동력원을 가진 자동차를 말한다. 화석연료를 사용하는 엔진과 전동 모터가 연계해 작동하며 전기를 저장하는 축전지가 필요하다.

■ 핵분열 | Nuclear Fission

핵분열은 우라늄과 같은 무거운 원소의 원자핵이 중성자와 충돌해 가벼운 원자핵으로 쪼개지는 현상으로 이 과정에서 감소한 질량만큼 에너지를 발생시킨다.

■ 핵융합 | Nuclear Fusion

핵융합은 수소 같은 가벼운 원자핵이 반발력을 이기고 무거운 원자핵으로 융합하는 과정에서 감소된 질량만큼 에너지를 발생시킨다.

■ 히트펌프 | Heat Pump

히트펌프는 냉매를 사용해 열을 저온부에서 고온부로 이동시키는 기술이다. 화석연료의 연소 없이 열을 공급할 수 있어 이산화탄소를 줄이는 유력 수단으로 주목받고 있다.

냉매를 압축시키면 온도가 상승하므로 이를 이용해 난방·급탕 기능을 수행한다. 반대로 온도와 압력이 상승한 냉매를 급속히 팽창시키면 온도가 낮아지므로 이를 이용해 냉방·냉장 기능을 수행한다.